非線形科学

蔵本由紀

Kuramoto Yoshiki

a pilot of wisdom

まえがき

私たちのごく身近にありながら、近年までは現代科学からあまりかえりみられることのなかった自然現象や社会現象が、最近大きな関心をよんでいます。ふだん科学に無関心な人々にとってさえ、「カオス」「フラクタル」「ネットワーク理論」などの言葉がいやおうなく耳に入ってくるほど巷《ちまた》にあふれていますが、それはこうした強い関心の現われだといえるでしょう。これらのトピックから暗示される現象は、その多くがいわゆる非線形現象に属するものです。そして、非線形現象にはこれ以外にも「パターン形成」や「リズムと同期」などさまざまなものがあります。

非線形現象とはかくも多彩なものですが、多くの科学者たちの努力によって非線形現象を理解するための定石ともいうべき基本的な考え方や手法が、これまでにいくつか確立されました。その立場から非線形現象の世界を眺めますと、右に挙げたようなトピックごとの世界像とはまた趣が異なって、それぞれのトピックがしかるべく位置づけられ、統合された、見晴らしのよい眺望が得られるでしょう。本書の目的はそこにあります。すなわち、非線形科学の「定石」

をごく平易な言葉で語り、それを通して、この科学の全体像を浮かびあがらせようと試みたのが本書です。

科学の驚異的な発展は、現代社会にかつてない物質的繁栄をもたらしました。その最大の原動力は、あらゆる物質を構成する原子・分子のミクロな世界のありさまが、手に取るようにわかるようになったことから来ているといえるでしょう。ミクロな世界の知識が豊かになると、いきおい人々はその世界を思い通りに操りたくなるものです。そして、それをうながす圧力が産業社会からもかかります。このような欲求や圧力は、今日ナノテクノロジーという言葉で代表されるようなすばらしい技術の数々を生み出しました。そうした技術がまた、ミクロ世界のいっそう詳しい情報を人々にもたらします。このようにして、知識と技術の間の相互促進の構図が、ここにできあがります。

こまかく分析することを通じてものごとを理解しようとする態度は、デカルトにはじまる近代合理主義精神の一大特徴です。デカルトの時代から何世紀も隔てた今日、その精神のおそるべき力を、加速度的に進展するこのような科学を目のあたりにして、私たちはまざまざと感じます。そして、ヒトゲノムの解読に代表されるように、同じ精神は生命科学にも受け継がれ、物質科学と同様に知識と技術の間の相互促進の構図が、そこにもしっかりと組み込まれつつあります。

しかし、他方で多くの人々は現代科学のこのようなあり方を全面的に肯定してよいのだろうかと、うすうす疑問を感じはじめているように見えます。「ここには何か足りないものがあるのではないか。そうした方向だけでは十分な理解が得られない。しかし、私たちの生活にとって関わりの深い複雑現象が、等身大の世界のいたるところにあるのではないか」と。「カオス」「フラクタル」「ネットワーク理論」等々が巷にあふれるという現象も、一時的な流行というよりは、こうした疑問をそれとなく感じつつ、従来とは違った科学のあり方を求める動きがその背後にあるのでは、と考えられるのです。

現代科学に「何か足りないもの」が感じられるとすれば、それは何でしょうか。さまざまな見方があると思いますが、私は次のように考えています。科学の中の科学の座に久しく君臨してきた物理学というものに注目しますと、この学問はこれまでもっぱら「命をもたないもの」を対象としてきました。そして、それを扱うのに最もふさわしい強力な方法を開発してきました。その方法は、ものごとをいったんばらばらな構成要素に分解することでその理解が得られる場合にはすばらしい威力を発揮するのですが、そうした行き方を徹底すればするほど、ものの生きた姿から遠ざかってしまうという弱みをもっています。それにもかかわらず、さまざまな科学が物理学のこのような方法を模範とみなす傾向が長く続きました。そのために、科学全体がいささかバランスの悪いものになってしまった観があります。そのようなバランスの欠如が、「何か足りないもの」という感じを私たちに抱かせるのではないでしょうか。

バランスの回復をうながす復元力が、科学の歴史的展開には潜んでいるように思えます。近年、非線形現象の科学が華々しく開花したのも、機が熟して、そうした復元力が働きはじめたことの現われだと思えてなりません。この科学が、私たちの身辺にあふれている「生きているもの、あたかも生きているかのように振る舞うもの」に格別の関心を示すのは、右に述べたことからもごく自然に理解できるでしょう。それらはすべて、部分と部分とが緊密に関係しあうことでこそ命が支えられているシステムだからです。

自然は複雑でやわらかな構造をもっています。それにすなおにフィットするような科学が今求められているように思います。そうした自然の記述方法を、非線形現象の科学はさまざまに模索してきました。聳《そび》え立つ堅固な建築物のような伝統的な物理学は、それ自身もちろんすばらしいものですが、非線形現象の科学はそれとは対照的に、はっきりした構造をもたない網目状の知識構造として、生きもののごとく成長していくのかもしれません。非線形現象の科学はまだ数十年の歴史しかもたない若い科学です。しかし、紆余《うよ》曲折はあっても、今世紀においてそのような科学が（たとえ、名称はさまざまに変わろうとも）ますます必要とされることはほとんど必然のように思います。

実は、本書を書くにいたったもう一つの動機があります。それは非線形現象というテーマとは直接関係がないのですが、日常の言葉で現代科学の内容をごまかしなく、またおざなりでもなく、どこまで一般の人々に伝えられるかということに私自身これまでひそかに関心をもってきました。新書という形でそれに挑戦してみたのが本書です。ちなみに、パラパラとページをめくってごらんになっても、数式というものはほとんど見当たらないでしょう。

科学の知識を伝達するうえで、日常語は大きな可能性を秘めていると、私はかねがね考えています。日常語は科学言語のような正確さや論理性には欠けますが、無数の実生活を耐え抜いてきただけに、頭脳よりも肌身にじかに働きかけてくる力がそこにはあります。工夫しだいで、日常語一つに豊かな情報を乗せて運ぶことが可能です。

科学も単に論理一本やりの世界ではありません。それはイメージ豊かな世界であり、感じられ生きられる世界でもあります。したがって、そこには日常語で効果的に伝えることのできる多くの情報があるはずです。ごく基本的なロジックと組みあわせることで、日常語の潜在力を科学的知識の伝達のためにフルに生かすことはできないだろうか。それが可能なら、高校生や文系理系の大学生、サラリーマンや主婦（主夫）にとって、現代科学を今よりもずっと親しめるものにできるのではないか、と思います。その点では、非線形現象の科学は幸い一般の人々への伝達が比較的容易な分野だといえます。だとすれば、将来取り組むべきいっそう困難な作業のためにも、今回の試みはぜひとも成功させたいところです。

しかし、現実はそう甘くありません。本書を書き終えた今、その出来栄えが果たして十分満足のいくものかと自問すると、いささか心もとないものがあります。それなりの努力はいたしましたが、工夫の余地はまだまだあるかもしれません。読者が下される評価を俟《ま》ちたいと思います。本書を読み終えられて「自然の見え方が少し変わった」と感じられるなら、私の挑戦は報われたといえるでしょう。

目次

プロローグ

「非線形」という言葉から、何をイメージされるでしょうか。「線形」がまっすぐな線や単純な比例関係を暗示するなら、「非線形」はより複雑に屈折していて、そこから何か新しいものが生まれるような、そうした可能性を秘めたものが漠然と想像されるかもしれません。もしそうなら、それは正しい直感といえるでしょう。

アイロンやホームこたつは、温度制御装置としては最も単純な非線形システムと見なせます。温度が線形の法則にしたがって単調に変化するのでなく、上昇と下降の間を切り換える自動制御機構がそれらには備わっているからです。まったく別の例として、栄養物の入った容器の中で増殖するバクテリアを考えてみますと、バクテリアの量が少なく栄養が十分に豊富な間は、バクテリアはどんどん増殖します。増殖の速さはバクテリアの総量に比例するという線形の法則が、そこでは成り立っています。しかし、栄養物が枯渇してくると、この比例関係が成り立たなくなり、増殖は頭打ちになります。そうなると、これは非線形システムです。

右の二つの例はあまりに単純なので、特に何か「新しいものが生まれる」とまではいえないでしょう。しかし、少なくとも、それらは「自らの状態に応じてその変化を自己調節しているシステム」だといえます。アイロンやホームこたつでは、基準温度からのずれが大きくなるとずれの拡大傾向にストップがかかりますし、容器内のバクテリアでは、増殖の進行そのものが増殖を押しとどめる原因を作ります。このような自動調節機構はしばしばフィードバック、特に負のフィードバックともよばれています。事態の進行がその進行そのものを妨げるように働くからです。逆の場合、すなわち正のフィードバックの例もいろいろあります。「富める者はますます富む」とよくいわれますが、「取引規模を拡大するIT企業が、ますます収益を上げて取引規模を拡大する」などは正のフィードバックの例といえるでしょう。

一般に正のフィードバック機構が働く場合には、それを抑制する負のフィードバック機構が備わっていないと破滅的な結果にいたるでしょう。正のフィードバックと負のフィードバックをあわせもつ複合的な非線形システムは、自然界に広く存在します。たとえば、脳の神経ネットワークを構成する無数の神経細胞は、その一つ一つがこのような非線形ユニットで、その特徴的な働きが私たちの命を支えています。本書では、特に第三章から第五章にかけて、このような非線形ユニットが見せる振る舞いや、それが多数集まったときに生じる意外な挙動について詳しく見ていきます。

右に述べた「非線形」の意味と無関係ではないのですが、同じ言葉をやや違った意味で用いることがしばしばあります。それは、比較的単純な性質をもった要素が多数集合してできる集団に対して、線形・非線形の言葉が使われる場合です。これを理解していただくために、水面に立つさざ波を想像してください。一般に、広い範囲にわたって波立った状態を科学的に記述しようとする場合、一つの常套《じょうとう》手段があります。それは波立ちのパターンをさまざまな波長をもつ正弦波に分解することです。正弦波とは、水平に張った紐の一端を上下に振動させるときに伝わるような、周期的に波打つ最も単純な波です。複雑に波立ったパターンを、さまざまな波長をもつ正弦波が重ねあわさったものと見るわけです。

波立ちのパターンを正弦波という波の「要素」に分解して見るのがなぜ便利かといいますと、水面をほんのわずか上下動させる程度のさざ波である限り、波の要素が互いに影響しあうことなく独立に振る舞うという性質が一般に保障されているからです。他からの影響を受けないそうした波のおのおのは、形を変えず一定の速さで伝播《でんぱ》するという単純な性質をもっています。水の抵抗が無視できない場合には、波の振幅が一定の割合で小さくなっていきます。いずれにしても、ある時刻での波立ちのパターンを観測できたとすれば、その後すべての時間にわたってそのパターンがどう変化していくかは容易にわかります。構成要素としての正弦波のおのおのを単純な法則にしたがって伝播させ、それらを単に重ねあわせればよいわけですから。

以上は波立ちが十分に小さい場合の話でしたが、波立ちが大きくなると、そのような記述ができなくなります。その場合でも、波立ちのパターンを正弦波に分解して記述することが間違いというわけでは決してないのですが、正弦波の振る舞いがもはや互いに独立ではなくなるので、問題が大変難しくなるのです。

容器内で増殖するバクテリアは、その量が十分少ないうちは線形システムとみなせました。それと同様に、波立ちもそれが十分小さい場合には、線形システムになります。じっさい、波はその振幅が十分に小さければ線形の波動方程式にしたがう、つまり線形のルールにしたがって変化します。さざ波の例に限らず、多くの要素から構成されるシステムが線形の法則にしたがうなら、それを独立に振る舞う要素の集合体とみなすことができます。

このように、線形システムは理論的には比較的簡単に取り扱えるのですが、意外性をもった現象は現われにくいといえます。自己組織化とよばれるような、システムが生きもののように自らを組織化していく現象は示さないだろうということです。意外性をはらんだそうした現象は、構成要素どうしが強く関係しあう非線形システムにこそ生じるのです。

全体の性質が要素の性質の単純な合成からわかるというのが線形システムの特徴ですが、それは分子がまったく独立に運動する気体に似ています。じっさい、気体の性質に関する理論は、統計力学という分野で最も初等的な理論となっています。固体や液体では、分子間に強い相互作用が働いていますので、気体を扱うようなわけにはいきません。しかし、そこでもさまざまな工夫をこらして、独立に振る舞う要素の集合体としてこれらを扱おうとする努力がなされます。たとえば、規則正しく配列して結晶を作っている分子やイオンは、それぞれ平衡位置のまわりでゆらいでいますが、ゆらぎが小さければ、結晶全体として見ると、それは水面に立つさざ波のようです。そこで、右に述べたやり方にしたがって、これを波の要素に分解しますと、そのような要素からなる「気体」が得られます。そして、この気体の性質から個体の性質を調べることができるわけです。

もちろん、物質をこのような理論で取り扱うことは、粗い近似にすぎません。多くの場合、物質はミクロな要素の非線形な集合体であり、要素と要素の相互作用を無視できません。相互作用の効果を単に小さな補正として考慮するくらいですむのなら、それほど問題ではないのですが、そういう取り扱いができない多くの重要な問題に現代の物質科学は直面しています。たとえば、水が凍ったり金属が超伝導を示したりするように、物質の性質が突然に変化する相転移現象とよばれる現象があります。それは要素どうしの強い相互作用が生み出す、著しい非線形現象です。

このように見てくると、非線形の問題というのは実に広く、現代物理学のフロンティアはほとんど例外なく非線形の問題に立ち向かっているといってもよいほどです。しかし、いわゆる「非線形科学」とよばれるものは、これよりかなり限定された意味をもっています。第一に、それは動きを含んだ現象にもっぱら関心を寄せます。このことをはっきりさせるために、この科学を「非線形ダイナミクス（動力学）」とよぶ場合もしばしばあります。第二に、この科学は現代物理学がともすれば軽んじてきたマクロ世界の現象に強い関心を示し、そこが主戦場になっています。それは、この科学が、高度の装置を通してようやくうかがい知ることのできる超人間的なスケールの世界ではなく、私たちの足もとに広がるごくふつうの世界をもう一度新しい目で見直そうとする姿勢に支えられているからだといえます。

広く認められた見解というよりは私個人の提案に近いのですが、非線形科学というものを「生きた自然に格別の関心を寄せる数理的な科学」とみなしてはどうかと思います。この見方は、少なくともこれまでの非線形科学の性格をすなおに反映していますし、この科学の革新性を今後とも維持するための規準を明示しているように思われるからです。「生きた自然」といっても、文字通りの生きものを指しているわけでは必ずしもありません。あたかも目的をもっているかのように形や動きを生成し、おのずから組織していくような自然現象という意味です。

いわゆる生命科学とよばれるものにしても、伝統的な物理学の方法にしたがって生命を切り刻み、物質に準じた死物としてこれを分析の対象にすることは可能です。それがむしろこの科学の主流になっているとさえいえます。しかるに、水や空気や砂丘のような非生命体も、適当な条件の下では生きた動きを示します。そして、その奥に潜む動的機構を解明することで、それらを生きたものとして扱うことができます。非線形現象の科学は、前者のような要素分析的なアプローチの成果に負うところは多いのですが、基本姿勢としてははっきりと後者の道を選んだ科学だといえます。「生きた自然」への驚きを数理の言葉に乗せる本格的な科学が、ここにはじめて登場したといえるでしょう。とりわけ、形や動きが崩壊に向かうように運命づけられているかに見えるこのマクロ世界で、それに抗するかのように新しい形や動きが生み出されつつあるという事実は、その理由が科学的に一応明らかになった現在でも、つねに新鮮な驚きを私たちに与え続けています。本書で紹介するのも、そのような驚きを原動力とする探究心がもたらした科学的成果の数々です。

よくいわれるように、ある人の顔を構成する目、口、鼻などの各部分についてどれほど詳しい情報をもっていても、その人固有の「顔つき」はわかりません。顔つきはこれらの要素の布置から生まれる新しい性質であり、要素自体についての知識には含まれないサムシングだからです。同様に、鉄の原子構造や原子間の相互作用についてどれほど詳しい知識をもっていても、それだけでは鉄の原子集団がなぜある温度以下で結晶化したり磁気を帯びたりするのかということは、まったくわかりません。「顔つき」や結晶化や磁化という現象は、構成要素の間の緊密な相互作用から生まれる新しい性質なのです。このような性質の発現を広い意味で**創発**とよぶことができます。

創発は何段階にも現われます。たとえば、鉄という物質が示す性質はそれ自体がすでに創発的な性質といえますが、その性質をたとえ詳しく知ったとしても、それだけでは鉄製のさまざまな部品から構成される機械装置の働きを知ることはできません。機械装置の働きは、もう一段上のレベルの創発です。水という物質が示す性質も、H_2O 分子とその相互作用の知識自体には含まれないうえに、たとえ水の性質を詳しく知っても、それだけでは変転きわまりないその流れのパターンを決して理解することはできません。創発の中でもとりわけダイナミックな創発を、私たちは「生きた自然」と感じます。非線形科学が最も強い関心を寄せるものが、そこにあります。

個別の要素をどこまでもこまかく追究していく現代科学の驚異的な発展と比較しますと、創発の科学ははるかに立ち遅れているように見えます。このような不均衡を放置することで、さまざまな望ましくない結果がもたらされるのではないかと危惧《きぐ》されます。科学の中の科学を自認する物理学が、超人間的スケールの世界の探究に注ぐ膨大なエネルギーの一部なりとも、より身近な創発現象の解明にもっと早い時期から振り向けていたなら、事態はよほど違っていたかもしれません。そうした動きがきわめて弱かったのはなぜか。いろいろ原因はあると思いますが、錯綜《さくそう》した地上の複雑現象にはもはや探究すべき原理的な問題はないという思い込みが、物理学に、あるいは物理学的方法を模範としてきた科学全体にあったのではないでしょうか。

これがなぜ「思い込み」にすぎないといえるかですが、さしあたりはそれが「創発という視点を欠いた見方だから」と答えられるでしょう。しかし、次にはさらに手ごわい問いが待ち受けています。それは「では、創発という概念をよりどころにした複雑現象の科学は、原理を探究する基礎科学としてほんとうに成り立つのか、その根拠は何か」という問いです。これについては、エピローグで私なりの考えを述べたいと思います。非線形科学という、分析的な科学とは異質な科学の内容を概観していただいたうえでそれを述べるほうが、いっそうよく理解していただけると考えるからです。

それではさっそく、非線形現象の世界への門をくぐりましょう。

第一章　崩壊と創造

一九七〇年代の初頭といえば、非線形現象の科学はまだ荒れ地に小道が切れ切れに散在する程度の未開拓な分野でした。その頃偶然に出会った一冊の本が、はからずも研究者としての私のその後の人生を決定づけることになります。出版後二年ばかりのその本は、パウル・グランスドルフとイリヤ・プリゴジンによる *Thermodynamic Theory of Structure, Stability and Fluctuations*（邦訳『構造・安定性・ゆらぎ―その熱力学的理論―』）でした。本のカバーを飾る「踊るシヴァ神」のブロンズ像に、まず妖《あや》しいときめきを感じました。シヴァ神はヒンズー教の破壊神として知られていますが、破壊と創造をともども司る神ともみなされています。じっさい、世界の終わりにシヴァ神の舞う踊りは、世界の再生への予兆でもあるのでしょう。この世界は、崩壊と創造、死と再生がたえまなく進行するダイナミックな世界です。駆け出しの一物理学徒だった私は、科学の中の科

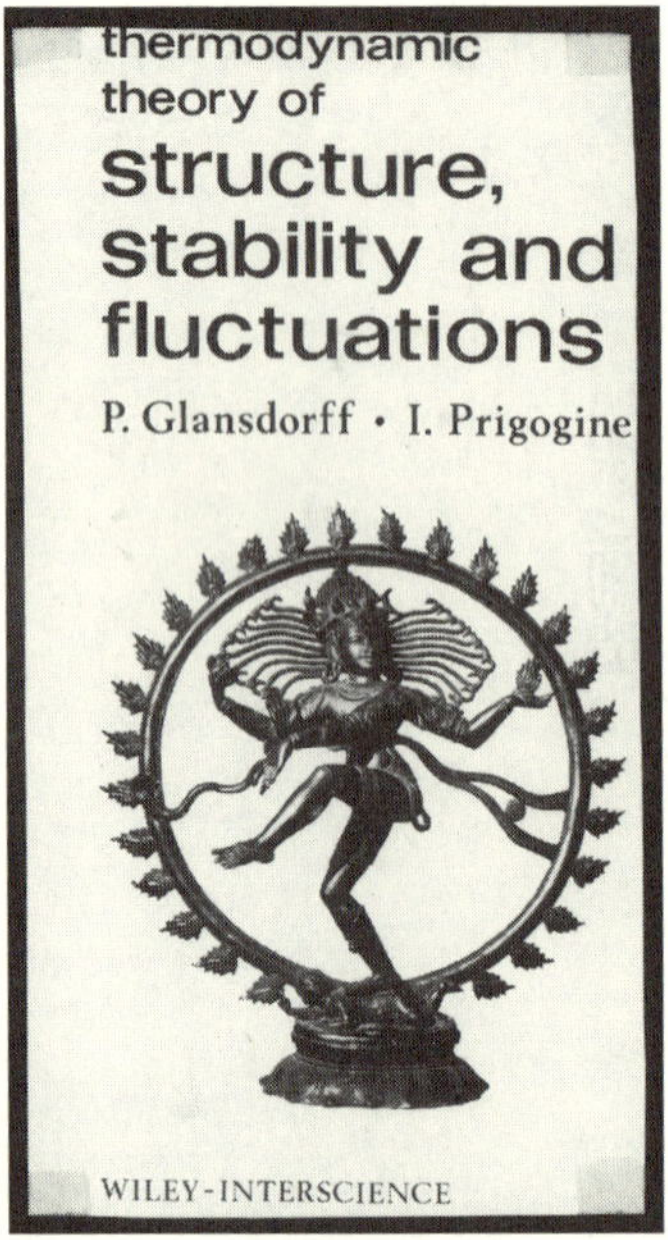

図１－１　*Thermodynamic Theory of Structure, Stability and Fluctuations* (Wiley 1971) のカバーの一部。
提供：国立国会図書館

学であるはずの物理学がこのような現実世界の実相にほとんど無関心なのはなぜだろう、といぶかったものです。

この最初の章では、崩壊と創造をキーワードにして、自然のダイナミクスの骨格ともいうべきものを描き出してみたいと思います。

新しい科学の予感

「崩壊」を「エネルギーの散逸」に、「創造」を「自己組織化」に言い換えてみれば、多少は物理学的に響くでしょうか。地面をはねるテニスボールはやがて動きを止め、立ちのぼる煙は空に広がり、熱いお茶は冷めていきます。このように、この世界のいたるところで、エネルギーやそれを担う物質は散逸し続けています。無数のこうした日常経験から、形あるものは崩れ、動きは静止に向かうことを、私たちはよく知っています。しかし、だからといって、世界がしだいに活動性を失った単調なものに近づいているかというと、そのようにも見えません。台風は毎年同じような頻度で発生し、春になればいっせいに緑が芽吹くように、何らかの原因によってさまざまな形や運動が生み出されつつあることも、まぎれもない事実です。

散逸と同時に自己組織化が不断に進行するダイナミックな現象世界。それに迫る科学というものがありうるだろうか。そんな科学があるなら、たとえそれが従来の物理学から大きくはみ出そうとも、それに賭《か》けてみる価値があるのではないだろうか。全国の大学に荒れ狂った学園紛争の余韻もまだ覚めやらない一九七〇年代の初頭、いくぶん昂揚した気分に浸っていた私には、新天地に飛び込むのにさしたる心理的障壁はありませんでした。そして、まさしく散逸と自己組織化を主テーマとする前記の本が、その入り口でした。

同書の著者の一人であるプリゴジンが「**散逸構造**」という画期的な概念を鮮明に打ち出したのは、同書出版の四〜五年前、つまり一九六七年頃です。その翌年に京都を訪れたプリゴジンの姿を、私ははっきりと記憶しています。それは京都会館で開催された統計物理学の国際会議で、私は大学院生として会議のアルバイトをしていたのですが、プリゴジンの姿に強烈なオーラを感じました。彼の英語はひどく訛《なま》っていて、貧弱な語学力の私には英語なのかフランス語なのかもよくわからないほどでしたが、それでもなぜか深い満足感を覚えたことを記憶しています。「散逸」と「構造（形成）」は一見相反する概念のように見えます。エネルギーのたえまない散逸の中から立ち現われる構造を意味する「散逸構造」は、その逆説性もあってでしょうか、鮮烈な印象を人々に与えました。同書はプリゴジンのこの偉業を踏まえたものです。もっとも、その後の非線形科学のめざましい展開は、プリゴジンたちの想像をはるかに超えるものだったに違いありません。しかし、一つの新しい科学の可能性を提示し、次世代を担う多くの研究者を鼓舞して、それに立ち向かわせたという点で、同書は不滅の価値をもつといえるでしょう。

マクロ世界の二つの制約

人が五官で感知できる世界、あるいはせいぜい光学顕微鏡、気象衛星、地震計測装置などによって観察できる空間スケールと時間スケールの世界、それをさしあたり「マクロな世界」とよぶことにしましょう。マクロな世界での構造の崩壊・維持・創造という現実は、物理学から見ると、どのように理解されるでしょうか。以下では、それを「**エネルギー保存の法則**」と「**エントロピー増大の法則**」という、森羅万象が例外なくしたがわなければならない最も普遍的な二つの物理法則から、大づかみに眺めてみたいと思います。

マクロな世界では、エネルギーはさまざまな姿で現われます。力学的エネルギー、熱エネルギー、電気エネルギー、化学エネルギー等々。これらは互いに姿を変えることができます。たとえば、水力発電では水の力学的エネルギーの一部が電気エネルギーに変換され、白熱灯は電気エネルギーを光と熱のエネルギーに変えます。乗り捨てられたばかりのブランコが空気抵抗のためにその揺れをしだいに小さくしていくとき、ブランコはその運動エネルギーを空気中の分子の熱運動のエネルギーにせっせと変換しています。エネルギーの姿がどう変化しようとも、エネルギー自体が生まれたり消えたりすることはなく、その総量は一定に保たれます。エネルギー保存の法則を、このようにマクロな世界での経験事実に即した形で述べるとき、それを熱力学第一法則といいます。

　私たちは何気なく「エネルギーを消費する」などといいますが、それは決してエネルギーそのものを消失させていることを意味するのではありません。それは、人間にとって有用なある種類のエネルギーが減り、その分だけ別の（あまり役に立たない）種類のエネルギーが増えていることを意味するにすぎません。したがって、「エネルギー問題」というのも、地球上からエネルギーそのものが失われつつあるという問題ではなく、利用可能な種類のエネルギーの枯渇に関わる問題なのです。裏を返せば、これはエネルギー保存則のみでは、なぜエネルギーにこのような「質」の良し悪しがあるのかという問題さえわからない、ということを意味しています。そこで、二番目の法則が必要になるのです。

　あらゆる現象がしたがわなければならないもう一つの普遍的な制約は、エントロピー増大の法則です。エネルギーと違って、エントロピーという物理量の総量は一定に保たれず、時間とともに増加することはあっても決して減少することはないという事実を述べたのが、この法則です。私たちが経験的に過去と未来を区別できるのも、時間について一方向的なこの法則が、あらゆる現象を支配しているからだと考えられます。エントロピー増大の法則は熱力学第二法則ともよばれています。第一法則とあわせて、これら二つの法則がマクロな現象に大枠の、しかし厳然たる制約を課しています。

エントロピーは、エネルギーほど人々になじみのある概念ではありません。「エントロピーの発生」は「エネルギーの消費」のようには日常的に語られないでしょうし、「エネルギー問題」はしばしば論じられても「エントロピー問題」はあまり耳にしません。実は、「エネルギーの消費」も「エネルギー問題」も、ともにエントロピーの発生によるエネルギーの質の低下に関わる事柄なので、それを「エントロピー問題」として認識することは大変重要なのですが。

エントロピーは、熱現象を統一的に理解するために、ルドルフ・クラウジウスが一八六五年に導入した概念です。エントロピーは物質やエネルギーに似て、物から物へと移動することのできる量です。たとえば、高温の物体から低温の物体に熱が流れたとき、流れた熱量と両物体の温度からエントロピーの移動量と発生量がわかります。物質やエネルギーが決して無から生み出されないのとは違って、マクロな状態が変化しつつある限り、エントロピーは生み出され続けます。

エントロピーの実体はマクロな立場からだけではよくわからないのですが、原子・分子のミクロな立場からその意味を明らかにしたのが、統計力学という分野のパイオニアであるルードヴィッヒ・ボルツマンという人です。その内容を専門用語なしで説明するのは難しいのですが、おおまかには次のように述べられるでしょう。

物質がもつエントロピーは、そのマクロな状態のおのおのに応じて定まった値をとります。

しかし、マクロに見れば同一の状態であっても、その下で物質を構成するミクロな要素はさまざまな状態をとることができます。つまり、莫大な数のミクロ状態が、エントロピーのある値に対応しているわけです。莫大にもいろいろ程度がありますが、エントロピーはその莫大さの度合いを示す指標です。ミクロ状態の乱雑さの度合いを示す量といってもよいでしょう。分子が規則正しく整列している固体状態よりも、それが融《と》けて分子がランダムに動きまわっている液体状態のほうが、ミクロ状態としてはさまざまな可能性がありますから、一般にエントロピーがより大きくなります。したがって、エントロピーの増大の法則は、ミクロ状態の乱雑さが不可避的に増大するという事実を、マクロなレベルで表現した法則だといえます。

　しだいに冷めていくお茶のようにマクロな状態が変わりつつあっても、遅かれ早かれその変化は止むでしょう。そうなれば、お茶と湯のみとそのまわりの空気からなる限られた世界では、エントロピーはもはや増えません。そのとき、「**熱平衡**が達成された」といいます。放置してもそれ以上変化しない、物質の落ち着いた状態が熱平衡状態です。熱平衡にまだ達していない状態は非平衡状態とよばれます。マクロな世界では、このようにすべてのものを熱平衡へ駆り立てる力が働いています。これは文字通りの力ではありませんが、比喩《ひゆ》的に「力」ないし「駆動力」という言葉を以下でも用いたいと思います。この力に駆り立てられている間は、エントロピーが発生し続けます。熱平衡が達成されれば、エントロピーの生成は止み、同時に駆動力もなくなります。

言葉遊びのようですが、「エントロピーが減少するような過程は起こりえない」という熱力学第二法則の言明は、「エントロピーが増大する過程は**不可逆過程**（すなわち、その逆をたどる現象が起こりえないような過程）である」と言い換えられます。あらゆる現実的な過程は、多少なりともエントロピーの発生をともなうので、不可逆過程だといえます。たとえば、先刻まで熱くて触れられなかったアイロンは、電源を切ったために、もう部屋の温度とほぼ同じになっているでしょう。コーヒーに入れた砂糖は、かき混ぜなくても、やがて全体を一様に甘くします。床に落としたテニスボールは、何度かはねて静止します。これらはすべて原子分子レベルの乱雑さを増大させる不可逆現象で、それらをそっくりそのまま逆転したマクロ現象を、人は決して経験できません。

もちろん、たとえば、冷えたアイロンを加熱して元の温度に戻すことはできます。しかし、空気中に放散した熱がおのずとかき集められてアイロンが元の熱さに戻るのでない限り、そっくりそのままの逆転ではありません。同様に、床やテニスボールを構成する無数の分子のランダムな運動のエネルギーが自動的にかき集められてボールに与えられた結果、それが再び弾みはじめるということも不可能です。水に落としたインクの一滴は不可避的に広がっていきますが、そのような物質の拡散現象についても同様のことがいえます。ミクロな無数の要素に散らばってしまったものを、そっくり元通りに回収することは決してできない。これが熱力学第二法則の直感的な意味です。ミクロ世界を操るテクノロジーがどんなに進歩しても、この法則を決して覆すことはできません。ミクロ世界を操って一見エントロピーを減少させることができたように見えても、操る操作そのものが、減少分を上まわるエントロピーをどこかに生み出しているのです。

自然の「能動因」は何か

熱や物質の拡散、物体の運動の減衰など、エントロピー増大の法則にしたがった不可逆現象からは、この世界のあらゆるものは不可避的に動から静へ、構造から無構造へ、生から死へ向かっているように見えます。世界は劣化しつつあるのでしょうか。ボルツマンはエントロピー増大の果てにいかなる変化も失われた宇宙を想像して、「宇宙はやがて『熱的死』にいたる」と述べました。しかし、右にも述べたように、少なくとも地球上の現象に関する限り、そのような兆候は見られません。あまりに過剰な人間活動のために地球が異変を起こしかけているのは確かかもしれませんが、それでも来る年も来る年も同じように季節はめぐり、自然界にあふれる形と彩りと動きは限りなく多様で、文明はますます高度化しています。個々の場面では、確かに運動や構造の消失は免れがたく見えるのですが、大局的にはそのようには見えないのです。それはなぜでしょうか。運動や構造の消失を補う何らかの能動因が、自然界には存在するのでしょうか。

『熱力学第二法則の展開』（小野周他編）の山本義隆氏による第1章「力学と熱学(1)」によれば、そのような問題意識はすでに古くアイザック・ニュートンが抱いていました。ニュートンの『光学』には、氏が引用している次のようなくだりがあります。「……流体の粘性、粒子の摩擦、固体における非弾性等の理由によって、運動は得られるよりもはるかに失われ易く、つねに減衰に向かっている。……我々が世界に見出す様々な運動がつねに減少しているのを見るならば、……能動的な原理によって運動を絶えず補充し保存せしめなければならない」。ニュートンはこのように、自然の活動性が維持されるために何らかの能動的な原理が不可欠であると考えていました。このような自然観が、「離れた物体の間に働く力」という、当時としては異端的なニュートンの考え、とりわけ万有引力の発見と無関係ではなかったことが、山本氏によって指摘されています。

以下に述べるように、現代物理学の目から見れば、自然の活動性の根拠は、ニュートンが思い描いたような「力」に求めることはできません。ましてや、その媒体としてのエーテルや、それを最初に創造したという神に求めることもできません。実は、現代物理学の知見からは、このような能動性の原因をことさら考える必要はないのです。坂を転げ落ちる車を押しとどめ

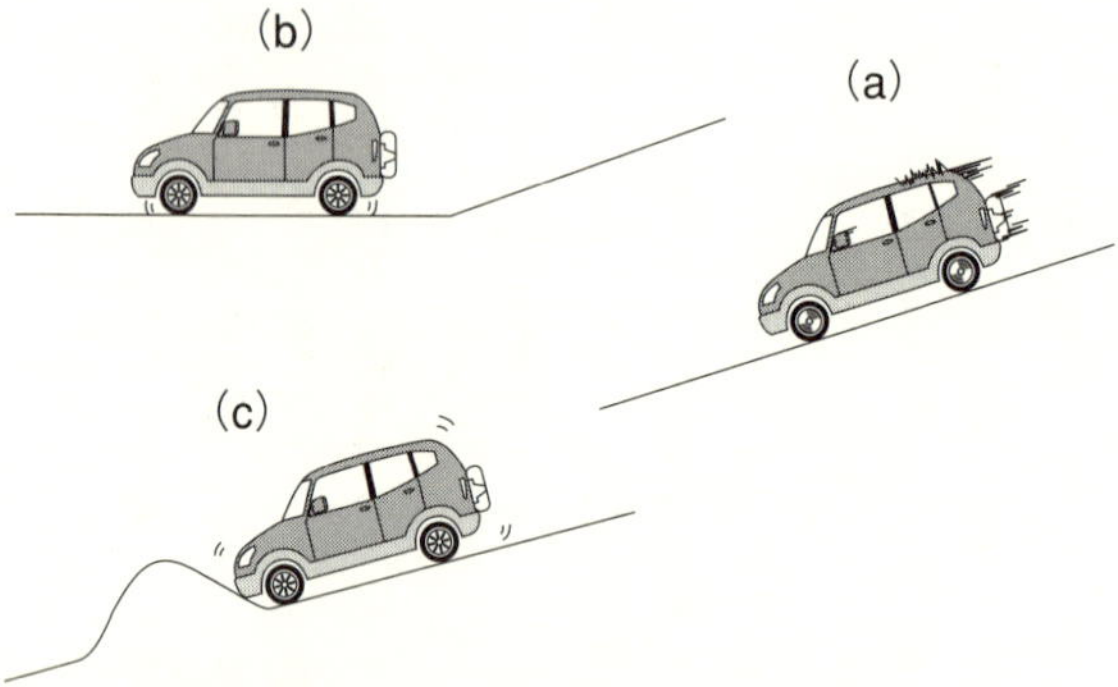

図1—2　熱平衡へ向かうシステム
(a)エントロピーを生成しながら熱平衡に向かうシステムは、坂道をひとりでに下る車にたとえられる。
(b)坂道を下りきって停止した状態が、熱平衡状態に対応している。
(c)坂道の途中にある隆起にさえぎられて停止した車（準安定状態）。

て、それを押しあげるような力を考える必要はないのです。それどころか、この活動性の源は、先ほど述べた「すべてのものを熱平衡へと駆り立てる熱力学的な力」そのものであるといえます（図1—2参照）。つまり、エントロピーの生成をうながし、構造や運動の消失へ向かわせるこの駆動力が、同時に構造や運動を生み出す力なのです。

これは矛盾した言明のように聞こえるかもしれません。しかし、構造や運動の消失は駆動力が「存在」するために起こるのではなく、駆動力が「衰える」ことによるのだと知れば、ここには何の矛盾もありません。生成されるエントロピーのはけ口がなければ、駆動力はしだいに弱り、ついにはなくなります。高温から低温に熱が流れることで、温度の高低が作る空間パターンという「構造」が消失するのは、そのためです。しかし、燃え続ける蠟燭《ろうそく》が、燃焼によって生じるエントロピーを空気中に排出し続けることで炎という構造を維持するように、エントロピーがたえず外部世界に排出され続ける限り駆動力は維持され、システムは平衡から離れた状態を保つことができます。そこに生じるさまざまな形や運動を、プリゴジンは散逸構造と名づけたのです。

熱平衡の世界の多様性

しかし、話が少々先走りすぎたようです。そもそも、エントロピーが生成し終わったあとの熱平衡状態は、熱的死という言葉から想像されるような無構造の退屈な状態でしょうか。決してそうではないでしょう。むしろ、それが限りなく多様多彩だからこそ、構造といえばその種の構造をまず思い浮かべるというのが実際のところではないでしょうか。平衡構造と散逸構造、この両者の違いを正しく理解するために、熱平衡状態におけるものやことの多様さについて一《いち》瞥《べっ》しておく必要があるでしょう。以下しばらくは、その素描です。

私の身辺を眺めてみます。空調機は室温を保つためにせわしなく働いていて、エントロピーをせっせと生み出しているでしょう。天井に灯《とも》った蛍光灯やスイッチ・オンしたパソコンも、そして私の身体もせっせと分子的無秩序性を増大させているはずです。しかし、それ以外の多くのものは働きもせず、ただ静かに佇《たたず》んでいるだけのように見えます。書棚も机や椅子も微動だにせず、以前からひっそりとそれぞれの位置にあり、書棚には色とりどりの本が整然と（実は雑然と）並び、机上にはペンだのレポート用紙だの、冷めきったコーヒーの残ったマグカップだの、さまざまな物たちが横たわっています。これらの物たちからはもはやエントロピーはほとんど生み出されていないでしょう。このように、限られた局面で見ると、エントロピーの増大が行き着くところまで行き着いて、マクロには何の変化も見られないという状況は、身辺のいたるところに見出せるのです。

しかし、これを熱的死とよぶのはまったく不適当でしょう。熱的死にしてはあまりにも多様な形、色彩、質感にあふれているではありませんか。エントロピーを生成しきって熱平衡にある物たちは形を失ったノッペラボウでもないし、灰色一色に平均化されているわけでもありません。このあたりまえの事実を、多少物理的に解釈してみましょう。第一に、これらの物たちは、互いに温度が等しくなるように、限られた量のエネルギーを適当に分けあっていることに注意しましょう。接触しあった物たちの温度は、不均一であるより均一であるほうが全体としてエントロピーが高いからです。たとえば、マグカップの中のコーヒーだけを考えれば、それを囲む容器や室内の空気から熱をかき集めてその温度を高くすれば、コーヒー自体のエントロピーは高くなります。しかし、これが決して自然に起こらないのは、コーヒーをとりまく環境が熱を奪われることによってそのエントロピーを減らし、この減少分がコーヒーのエントロピーの増大分を上まわるために、全体としてエントロピーが減少してしまう、つまり第二法則に違反するからです。

このように、室内の物たちは限られた量のエネルギーしか分け与えられておらず、その制約下でエントロピーが最大になるよう、すでにそれを生成しつくしているのです。そして、その限られた量のエネルギーの下では、それぞれの物質内の原子分子のざわめきは十分におだやかなので、物質としての個性を優に保持することができるのです。超高温になれば、すべての物はドロドロに溶けて区別のつけようもない混沌《こんとん》状態になるでしょうが、室内ははるかに低いエネルギーの状態にあります。室内だけではありません。物質的多様性が完全に消失するような高いエネルギーの状態は、人為的に作り出さない限り、この地上で見ることはできません。超高エネルギーの状態になると、物質的多様性どころか、物質を構成するさまざまな基本的粒子が、実は真に基本的なものではなく、さらなる基本的なものに解消されることがわかってきます。これを極限まで推し進めて探究しようとするのが、素粒子物理学です。私たちを取り囲む低エネルギー世界では、たとえエントロピーは増えきっても、万華鏡のような物質的多様性を享受できるのです。

熱平衡の世界がもつ多様性ということについて、もう少し考えてみます。物質がどのような種類の原子・分子から成り立っているか、その成り立ちの違いから来る多様さに加えて、物質の多様性を増大させるもう一つの原因があります。同一の組成をもつ物質でも、それが置かれた環境の違いでさまざまな姿を現わすという事実があるからです。たとえば、同じ水（H_2O）でも、それが置かれた環境の温度によって（あるいは、その水が分け与えられたエネルギー量によって）、氷にもなり、水蒸気にもなります。氷、水、水蒸気のような物質のマクロな姿は、**相**とよばれています。固体、液体、気体は、物質の代表的な相です。温度を変えていくと、一般に相は突如変化しますが、これを**相転移**とよびます。

相という概念は、きわめて広い概念です。たとえば、同じ固体でも、原子・分子がきちんと整列した結晶状態と、ガラスのように乱れたミクロ構造をもつ無定形（アモルファス）状態とは、違った相に属します。結晶状態にあっても構造変化は起こり、原子・分子の配列パターンが異なれば、別の相にあるとみなされます。さらに、結晶のような原子・分子の単純な繰り返し構造はないが、ある厳密な規則にしたがって分子が配列された準結晶とよばれる物質も見つかり、結晶学に大きな変革をもたらしたのは記憶に新しいところです。同じ固体でも、温度などの条件が違えば電気をよく通す良導体であったり、電気が流れない絶縁体であったり、電気抵抗がゼロの超伝導を示したりします。金属、絶縁体、半導体、超伝導体などは、電気的性質から見たときの異なる相です。このように、相転移は物質に限りない豊かさを与えています。

加えて、私たちを取り囲んでいる物の多様さは、それらの「形」の多様さ抜きには語れません。同じ物質でも、その形が千差万別なのはあたりまえですが、これがなぜあたりまえなのかを物理学者はあまり語りません。それは当然といえば当然で、ものの形というものがきわめて個別的だからです。多種多様なものの中に普遍的な性質、恒常的な関係を見出すのが科学ですが、普遍性を重んじることにかけては、物理学の右に出るものはありません。しかし、物理学者のこの寡黙のために、熱平衡というせっかく豊かな内容をもつ物理的概念が、少々狭いイメージで見られがちだという感じもしないではありません。

じっさい、身のまわりの多くの物は熱平衡状態にあるのに、その姿形の多様さ多彩さといったら、熱平衡という概念にまつわりついた「単一の状態」からは、あまりにもかけ離れています。「熱平衡」は、そのような融通の利かない状態ではありません。私の目の前のマグカップは、それと同じ素材を用いて、今見るのとはまったく異なるさまざまな形に加工できたでしょうし、それぞれが安定な熱平衡でありえたでしょう。カップを粉々に砕けば、破片の一つ一つもまた安定な熱平衡状態にあるに違いありません。ガラス戸棚の中の木彫りの像も、同じ素材でどのような形にでも削り出される可能性はあったでしょう。ありとあらゆる身辺の人工物や、粘土や、剥製《はくせい》や、風雨にさらされ続けた石ころや、野仏や、貝殻や、化石や、千差万別の地形に見られる自然の造形についても同様で、熱平衡状態にある多くの物の形はほとんど任意です。

熱力学的に安定な唯一の形というものがあって、そのような形に向かって変形していくということのほうが、むしろ稀《まれ》でしょう。もちろん、容器に入れた水の表面は、ほぼフラットになるでしょうし、水銀の小さな滴やゴムボールのように、変形させても離せばたちまち球形に戻るものもありますが。

形が自由だということは、同じ環境条件の下で、いずれの形も熱平衡状態として同じくらい安定であること、どの形も等しく熱平衡状態としての資格があるということを意味しています。詳しく調べれば、さまざまな形態の間には、安定性にほんのわずかな違いがあるかもしれません。しかし、その違いがあまりに小さいか、一つの形から別の形に移行するのに高いエネルギーの壁を越えなければならないために、その通路が事実上遮断されているのだと考えられます。

このように、さまざまな作用がかつて物質に刻み込んだ形の記憶は、安定に保たれます。もしも、このような安定性が熱力学的に保障されていなかったら、私たちの世界の秩序はたちまち瓦解《がかい》してしまうでしょう。しかし、これはあくまでも消極的な安定性であるには違いありません。熱平衡状態にある限り、せいぜい形を消極的に保存するだけで、それを積極的に作り出すことはありません。ましてや、「動き」を生み出すということは決してありません。ここに平衡構造の限界があり、散逸構造の出番となるわけです。

消極的に維持・保存される形にしても、その大部分はかつて非平衡状態が積極的に刻み込んだ形にほかなりません。貝殻や化石は生命体という非平衡システムが生み出した形の記憶です。同様にすべての人工物は人間という非平衡システムが生み出した形の記憶です。さらに、日常的な意味では完全に平衡といえるのに、地質学的な時間スケールでは非平衡とみなされるべき現象もあります。あとで述べるように、地球は一つの巨大な非平衡システムですが、地殻変動や火山活動や風化や浸食によって生み出された自然の造形は、このシステムが気の遠くなるほど長い期間をかけて、かつて生み出し、かつ生み出しつつある構造です。その意味で、それらは非平衡構造ですが、人間的な時間のスケールで、私たちはそれを平衡構造とみなしているのです。

潜んだ駆動力

熱平衡に達すると、熱力学的な駆動力も同時に消える、と先に述べました。しかし、これには重大な但し書きが必要です。解放されることを待っている潜在的な駆動力のことまで考えると、話はそう簡単ではないからです。単調な坂道なら、車は最も低い地点をめざしてひとりでに転げ落ちますが、坂道の途中に隆起（ポテンシャル障壁）があればどうでしょうか（図1―2(c)参照）。隆起が十分高ければ、車はその手前の窪《くぼ》みで止まり、それよりずっと低い地点があってもそこへは到達できないでしょう。誰かが手を貸してやれば隆起を乗り越えられますが。

たとえば、ダイヤモンドという物質は、ポテンシャル障壁の手前で止まった車に似ています。障壁を越えていちばん低い地点に達した車は、グラファイト（黒鉛）、すなわち純粋な炭です。ダイヤモンドもグラファイトも炭素という単一の元素からなる物質で、結晶構造だけが異なります。したがって、正確にいえば、ダイヤモンドは熱力学的に準平衡の状態にあるわけで、真の平衡状態にはありません。超高圧下の地下深くでは、ダイヤモンドは真の平衡状態にあったのですが、地上に出ると、そうではないのです。しかし、ふつうの条件の下では、それがひとりでに炭化するなどということはありません。高価なダイヤを買う人は、それが十分に安定した状態にあると信じきっています。

潜んだ駆動力はもっと身近にあります。たとえば、一枚の紙片とまわりの空気。紙片と空気はそれぞれ、そして互いに熱平衡にあるとふつうはみなされます。しかし、紙片とまわりの空気をあわせたシステムもまた、障壁にさえぎられ、窪みに止まった車にたとえられるでしょう。紙に火をつけるという行為は、車に手を貸して隆起を越えさせることに相当します。あるいは、この場合は一つの車でなくて、車列を考えたほうがよいかもしれません。最初の車に手を貸してやるだけで十分です。それが隆起を乗り越えるときに発熱するので、そのエネルギーの助けで、後続の車は楽々と隆起を乗り越えることができるからです。このように、いったん点火されれば、紙は空気中の酸素によって激しい勢いで酸化され、エントロピーを熱や炭酸ガスとして放散しながら炭化し、真の安定状態にいたるのです。
燃焼に限らず、あらゆる化学反応についても同様のことがいえます。物質AとBが接触して、物質Cに変化するとしましょう。AとBが離れて存在していれば、それぞれ安定な熱平衡であったのに、接触することで潜在的駆動力が呼び覚まされ、低地に向けて転がりはじめます。接触させても転がり出さない場合、すなわち隆起に阻止されて動き出せない場合は、補助的物質を用いて隆起を低くする、あるいはそれを迂回《うかい》する道を作ることができます。このような補助的物質を触媒といいます。触媒はふつうは反応を促進するだけでそれ自身は化学変化しません。生体内の化学反応、すなわち生化学反応では、このような触媒機能をもったたんぱく質を酵素とよんでいます。

通常の化学反応のレベルで満足しておけばよかったかも、とも思われるのですが、人類はついに核反応、つまり核分裂や核融合によって、とてつもない潜在的駆動力を呼び覚ましてしまいました。化学結合のエネルギーに比べて、原子核を構成する核子（陽子および中性子）間の結合エネルギーは格段に大きいものです。したがって、反応前後の結合エネルギーの差から生じる発生エネルギーも、原子核では圧倒的に大きくなります。これはあたかも絶大な高度差のある坂を下る車のようです。この坂を瞬時に下れば核兵器になり、ごくゆっくりと下れば原子力発電等のエネルギー源となります。幸か不幸か、この場合、車の進行を妨げるポテンシャル障壁も異常に高いものです。並の手助けでは、これを越えられません。たとえば、核融合では、この手助けのために費やされるエネルギーが取得されるエネルギーよりも大きければ元も子もなく、いまだに科学者たちは悪戦苦闘しているわけです。一方、太陽では、一五〇〇万度の高温をもつ中心部で核融合反応が持続的に起こり、おそらく一〇〇億年もの間、その輝きを失わないのですが。

非平衡開放系

このように、潜在的なものまで含めれば、地上にはありあまるほどの駆動力あるいは坂道にたとえられるポテンシャル勾配があります。たえまなく流れ落ちる水、高温部分と低温部分の共存、反応可能な物質等々として。このような力が未来永劫《えいごう》に持続するかどうかは後ほど述べるとして、それが少なくとも当面は衰えるきざしも見えないという事実をまず認めましょう。そして、そのうえで、このような力がさまざまな構造や運動を生み出す力となることを以下に述べましょう。もちろん、何も生み出さないですぐに解消されていくポテンシャル勾配もあります。たとえば、盃一杯の熱燗《あつかん》の酒が冷めて室温に等しくなったとき、散逸したエネルギーは、室伏広治が渾身《こんしん》の力を込めてハンマーに与えた運動エネルギーに匹敵するというのに、何ら目に見える効果も残さずに空気中に拡散していくのです。ちなみに、温度差という駆動力を用いて、放っておけば散逸してしまうはずのエネルギーの一部を動力源として利用しようとするのが、いわゆる熱機関です。単調な坂道の途中に迂回路を設けて、下りきるまでに、人間にとって有用な仕事をさせようというわけです。

ふつうの意味での熱機関ではありませんが、迂回路ないし起伏構造を導入することで、組織化された運動が生み出される簡単な例を述べてみます。駆動力として文字通りの力、すなわち重力を考えます。最も単純な例の一つは、京都の詩仙堂などの日本庭園で見られるししおどしでしょう（図1―3参照）。これは重力にしたがって斜面を流れる水を、底が閉じた竹筒で受けるという装置です。水が竹筒を満たせば、竹筒の上部が重くなって、支点を中心にしてがくんと前に傾き、水を吐き出します。それによって上部が軽くなれば、元の姿勢に戻って水を受け入れる、というしかけです。これが繰り返され、シーソーのような周期的な運動が生まれます。ちなみに、ししおどしの本来の目的は、竹筒が石に当たるときに発する音で農作物を荒らす鳥獣を追い払うというもの

図1―3　詩仙堂のししおどし　自発的なリズムを示す非平衡開放系の最も単純な例。

でした。

もう少し手の込んだ例は、次のようなものです。高い位置にある錘《おもり》は、低い位置にあるよりも大きな位置エネルギーをもっています。そして、錘を床に落とせば、一瞬にして錘がもっていた位置エネルギーは失われます。床と空気の熱および音のエネルギーとして散逸してしまうのです。しかし、そこに一つの装置を挿入して落下過程を長引かせると、意味のある組織的な運動が生じます。それは振り子時計、特にニュートンと同時代の大科学者クリスチアン・ホイヘンスが製作したものと同じ原理で動く振り子時計です。今日でもハト時計などに見られる、錘のついた振り子時計がそうです。ドラムに巻きつけたワイヤロープの一端に錘をつけて垂らせば、ロープがほどけて錘は一気に落ちるでしょう。しかし、歯車とノッチ形状の部品を用いた装置をドラムに装着すれば、ドラムをじわじわと小刻みに回転させることができ、錘の位置エネルギーを小出しにしながら、それを長時間利用できます。歯車の断続的な回転に連動した振り子は往復運動します。つまり、錘の位置エネルギーの減少分だけ振り子はエネルギーを得て、それを自らの運動のためのエネルギー（運動エネルギー）に変えているわけです。もちろん、空気抵抗によって振り子の運動エネルギーは散逸しますし、装置の内部摩擦によるエネルギーの散逸もあるでしょう。しかし、これらの散逸はすべて錘の位置エネルギーという エネルギー供給源によって補われていますから、振り子の運動は減衰せずに持続します。錘が下りきると、もはやエネルギーを供給できなくなりますから、たとえば日に一度だけ人手によって巻きあげて再スタートさせる必要があります。しかし、少なくとも二四時間程度、駆動力は一定で衰えることはありません。

ししおどしもそうですが、振り子時計はエネルギー変換の過程で生成するエントロピーをエネルギーとともに外部世界に排出し続けています。したがって、それはダイナミックな釣りあいによって安定した状態にあります。それは外部世界に開かれており、かつ熱平衡状態から引き離された状態にあります。このようなシステムを**非平衡開放系**とよびます。装置をもっと手の込んだものにすれば、振り子の往復運動や長短針の動きだけでなく、定時になるとカッコーが扉を開いたり、木彫りの人形がパフォーマンスを見せたりすることもできるでしょう。駆動され続けることで、さまざまなパターンや動きがエネルギー散逸（エントロピー生成）の過程で出現することが、この例からも想像できるでしょう。より一般的な機械式時計では、重力による位置エネルギーのかわりに、巻いたぜんまいに蓄えられたエネルギーを、ぜんまいをほどくことで徐々に開放する方式が採用されます。江戸のからくり人形も、エネルギー源としてぜんまいを用いています。「非平衡開放系の自己組織化現象」などというと舌を嚙《か》みそうでいかにも難しげですが、それに類するものは、このようにどこにでも転がっているのです。

単調な坂道の途中にやや複雑な迂回路や起伏構造を作ってエネルギーの流れを制御し、そこに組織立った運動を実現するようなシステムは、振り子時計以外にもいろいろあります。次章以後でもその多くの例を示します。それらは、外部からもらった分だけのエネルギーを放出し、発生したエントロピー分と等量のエントロピーを排出する非平衡開放系です。ごく大まかに見れば、そうした点では、本物の生きものも時計と共通した装置であるといえます。生物をこのような非平衡開放系として明確にとらえた人として、量子力学の創始者の一人エルヴィン・シュレーディンガーが挙げられます。もちろん、生物は進化によって獲得された途方もなく複雑精妙な「起伏構造」をもっていますから、デカルトが考えた動物機械のようなものとはわけが違いますが。そして、この起伏構造の詳細についての膨大な知識を今日の生物学は蓄積しています。

開放系としての地球

自然物、人工物、生命体を含め、たえず駆動され続ける構造体は、この世界におびただしく存在します。そして、それらはすべて間断なくエントロピーを生産しています。個々の時計や熱機関や生きものにとっては、エントロピーをそれらの外部に排出し続けている限りは駆動力を維持できますが、その「外部」なるものは地球にとっては「内部」です。したがって、地球自身がその外部である宇宙空間にエントロピーをたえず放出するのでない限り、地球のエントロピーは溜まる一方で、やがて不活性にならざるをえないでしょう。

幸い、地球は赤外線という形で、エントロピーをエネルギーとともに宇宙空間に放出しています。地球へのエネルギーの供給源は主に太陽光で、それは可視光を中心としています。加えて、すでに述べたように、化学結合のエネルギーや原子核内のエネルギーのように潜在的なエネルギーが顕在化していることも考えあわせると、これらも地球へのエネルギー供給源とみなすことができるでしょう。ただし、化学結合のエネルギーの中には、石油資源や栄養源としての炭水化物のように、太陽光のエネルギーが短期的・長期的に固定化された形のエネルギーもありますが。ともかくこのように、地球はエネルギーとエントロピーの入り口と出口をもち、生成される分だけのエントロピーを排出しています。そうすることで、全体として定常性を保っている非平衡開放系です。それはあたかも何十億年ものあいだ平坦化することのないポテンシャル勾配に沿って下り続ける一つの車のようです。もっとも、誰の目にももはや明らかな地球環境の異変は、その定常性が人間にとってきわめて危うくなりつつあることのサインかもしれませんが。

太陽光で暖められた地表と上空との間にはつねに大きな温度差があります。暖房中の室内の空気が循環するように、この温度差が駆動力となって大気を循環させ、それによって気象という現象が生じます。また、同じ駆動力によって、気化して上空まで上昇した水が冷却され、再び地表に降り注ぐことで、水がたえず循環しています。この水循環が地球の外部へエントロピーを廃棄するにあたって、きわめて効率的な働きをしているといわれています。地球の内部に目を転じれば、そこにも別の循環があります。かつて火の玉だった地球は、ゆっくりと冷やされながら現在にいたっているとはいうものの、その最深奥部の温度は六〇〇〇度といわれます。熱い内部と冷たい地表という温度差の駆動因が、ここでも流動を引き起こしています。それがマントル対流です。マントルの超スローな動きに乗ったプレートとプレートのあいだのきしみから山ができ、火山が噴火し、地震が発生します。そして、このような地殻の変動と大気や水の循環との相互作用から、千変万化の地形が生まれましたし、また生まれつつあります。

このように、地上と地下の二つの巨大な循環によって、地球は四五億年ものあいだ駆動され続けてきました。二本の大木の根のようなこの根源力が無数の枝葉に分かれ、地上にさまざまなスケールの「坂道」とそこを滑り降りつつある開放系を実現しています。温度差という最も基本的な駆動力が引き起こすこのような循環現象については、次章であらためて詳しく考察します。ちなみに、もう一つの重要な潜在的駆動力として化学結合のエネルギーがありますが、それが解放されることで生じる構造形成現象は、第三章の主題になります。

ともあれ、エネルギー保存の法則とエントロピー増大の法則の立場から世界を見直してみると、見慣れた身辺のさまざまな現象が新しい意味を帯びてきます。そして、変転する自然を貫く一本の太い軸が見えてくるように思います。

第二章　力学的自然像

地球とその上に住むあらゆるものを活性化する原動力の一つとして、地球規模の対流というエネルギーと物質の循環があることを第一章で見ました。この章では、対流現象の中でも特に熱対流現象とよばれるものに注目します。そして、この特別の現象を例にとりながら、科学者たちは非線形現象を理解するために、どのような姿勢で臨み、どのようなアプローチを試みてきたのかについて述べようと思います。この章で述べる基本的な考え方は、対流現象はもちろんのこと、非線形現象一般に適用できるものです。耳慣れない言葉や概念がいくつか登場するかもしれませんが、それらの有用性は章を追っていくにつれて、しだいに明らかになるはずです。

自然の対流と実験室の対流

対流現象には地球規模のものもありますし、小指の先にも満たないほどのものもあります。それらの原因もさまざまです。温度差があることで生じる対流はとりわけ重要で、**熱対流**とよばれています。流体（気体、液体）が下から温められることで生じる熱対流は日常的にもなじみ深いもので、表面が少し冷めた熱い味噌汁が上下流動を示すことなどを通じて見られます。前章で述べたように地球をとりまく大気の大循環も、地表面と上空の温度差に起因しますし、マントル対流も地球内部と地殻の温度差によっています。もっとも、大気の大循環では、赤道付近と極付近とでは地表温度もずいぶん違いますし、地球の自転による効果などもあって、その機構はそれほど単純ではありません。また、マントル対流では、そもそも流体ではなくて岩石という固体が年に数センチメートルという遅さでじわじわと「流動」するのですから、通常の対流のイメージからはほど遠いのですが。それでも、器の中の味噌汁と地球規模の流動とが似かよった振る舞いを示すというのは、なかなか面白いことです。

熱対流に限らず、一般に流動現象というものはさまざまなスケールで相似な流れのパターンを示すことが知られています。これは流体運動を記述する方程式（**ナヴィエ・ストークス方程式**とよばれる）の形に備わったある数学的な性質からもわかることです。けた外れに違うスケールで現われる相似な流れ現象の例として、しばしば引きあいに出されるのが、いわゆるカルマン渦列です。河の流れの中に杭が立っていると、杭のすぐ下流にカルマン渦列とよばれる交互に並んだ渦の列ができますが、これとそっくりの雲の渦列が済州島の南南東方向に連なっているのが気象衛星から観測されています（図2―1参照）。これは大陸からの季節風が済州島のハンナ山という「杭」に当たって、その風下に作るカルマン渦列です。ちなみに、電線が木枯らしにヒューヒュー鳴るのは、電線の下流に次々と規則正しくカルマン渦が発生し、これが空気を震わしているからです。

熱対流の現代的な研究は、そのミニチュア版を実験室で実現することからはじまりました。

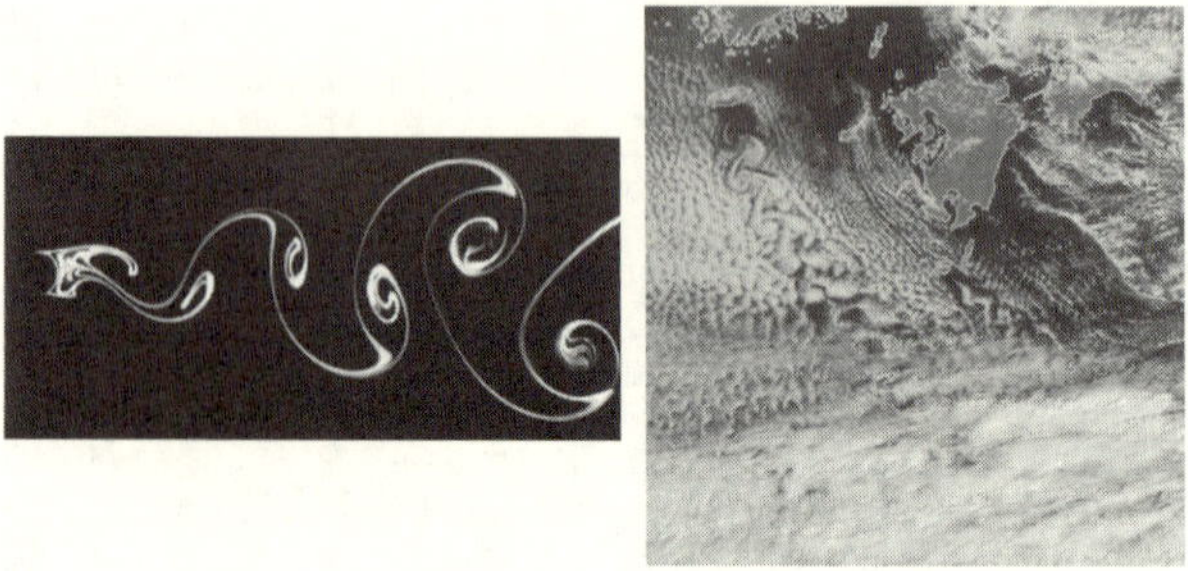

図2－1　カルマン渦列　左図は円柱状の障害物の下流にできたカルマン渦列。（種子田定俊著『画像から学ぶ流体力学』朝倉書店 1988年より）右図は済州島の南南東に生じたカルマン渦列の気象衛星写真。（2000年2月21日正午。提供：気象庁）

これをはじめて実行したのはフランスの科学者アンリ・ベナールで、一九〇一年の学位論文においてです。自然界に見られる熱対流は、右に述べたように、状況ごとに異なるさまざまな要因がからんでいます。したがって、それらをそのまま研究対象にしても、熱対流現象の核心を見抜くことは容易ではありません。そこで、熱対流が発生するための最小限の要件を満たし、あまり重要でない雑多な要因をすべて除外して得られる単純化されたシステム、しかも実験室できちんと制御できるシステムを作ってみる、という発想が出てきます。それによって、さまざまな状況で現われる熱対流に共通する現象の核心を理解することができ、研究は急速に進むでしょう。自然界の複雑な熱対流は、このように理想化された熱対流にさまざまな装飾が施されたもの、というメリハリの利いた見方ができるようになるでしょう。一般に、複雑な対象を理解するには、基軸あるいは座標軸になるものをまず確立することが非常に重要です。座標軸をもつことで、個々の現実がそこからどのようにずれているかを測ることが可能になります。現象の根幹をなす主要な情報と副次的な情報を選り分けるという作業が、複雑現象の理解にとっては欠かせません。

また、この理想化された一見単純な熱対流現象の根っこは、熱対流という一現象をはるかに超えて、さまざまな非線形現象の根っことつながっているのです。じっさい、ずっと後になってわかってきたことですが、熱対流現象はいわゆる「分岐現象」や「パターン形成現象」や「カオス現象」の宝庫です。したがって、熱対流現象を深く探究していくことで、これら非線形現象一般に通じる有力な概念や方法を鍛えあげ、磨きあげていくことも可能です。熱対流現象を手がけた非線形科学者は理論家も実験家も数多くいますが、彼らの目はそれゆえに半ばこの現象のはるか彼方に向けられていたと思われます。もちろん、二〇世紀初頭のベナールが、今日の非線形科学に特徴的なこうした態度で研究に臨んだとはいえないかもしれませんが。

ベナールは、流体として浅い容器に入れたパラフィン油を用い、これを下から均一に温めると同時に、上からは均一に冷やしました。そして、それによって生じる流動現象を観察しました。上下に温度差がなければ、この流体はもちろん熱平衡状態にありますから、特別なことは何も起こりません。上下の温度差を大きくしていくということは、システムを熱平衡状態から引き離していくということです。流体は温められると膨張して軽くなります。したがって、今の場合、軽いものが下にあり、その上に重いものが乗ることになりますが、そのような配置はあやういものです。軽くなった部分は、つねに浮上する機会をうかがっています。しかしながら、上下の温度差がごく小さいあいだは、つまりシステムが熱平衡状態に十分近いあいだは、流体の抵抗に逆らって上昇できるほどには膨張した流体の浮力は大きくありません。したがって、流体は全体として静止したままで、単に熱が上向きに伝わり続けるだけです。これを**伝導状態**とよびます。

しかし、上下の温度差がある限界値を超えると、浮力が抵抗に打ち勝って流動がはじまります。といっても、軽い部分がいっせいに揃って上昇することはできませんから、上部の重い流体と入れ替わるために、上昇流の経路がどこかにできるわけです。そして、上昇する軽い流体と入れ替わりに上方の冷たく重い流体が下降する経路も同時にでき、これら双方向の経路がつながって循環流が形成されます。上下の温度差が一定に保たれている限り、上昇すればただちに冷やされ、下降すればただちに温められます。したがって、ひとたびこのような循環が起これば、それはいつまでも持続します。以上が、熱対流の最も素朴な科学的描写です。

ベナールの実験では、パラフィン油の上面に覆いがなかったので、そこが空気にさらされ、そのために表面張力の効果が働いています。したがって、対流の発生機構は右に述べたものよりは、もう少し込み入っています。しかし、その場合にも、やはり上面と下面の温度差にある限界値があって、それを超えると循環する流動がはじまるということに変わりはありません。ベナールは、多数の循環流のユニットからなる蜂の巣状の美しい流動パターンが水平面内に現われることを見出しました。図2―2はそれを再現した実験です。六角形に近いおのおののユニットの中心部分では、流体は上昇し、その壁に沿って下降しています。このような循環のユ

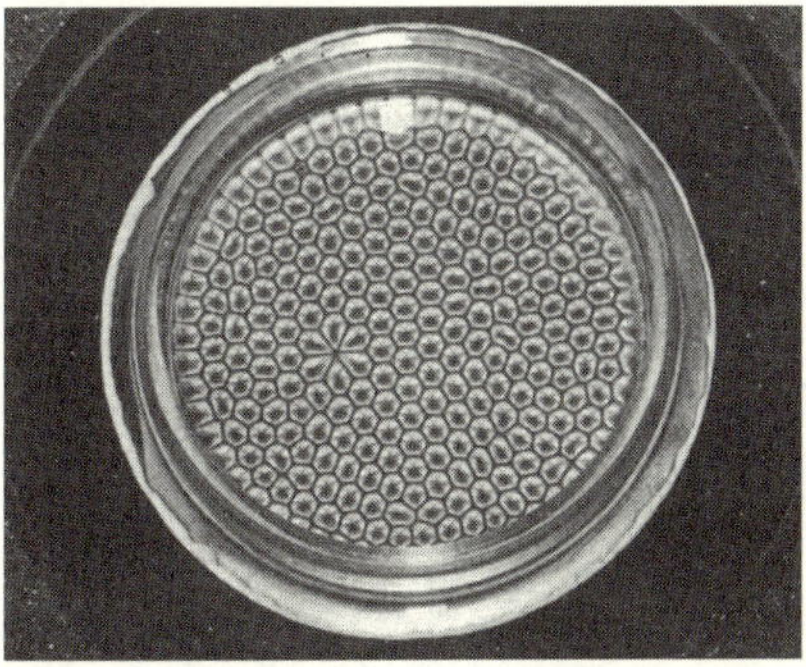

図2―2　蜂の巣状に整列した対流のパターン
(E. L. Koschmieder : Bénard convection. *Advance in Chemical Physics* 26, p.177, 1974 より)

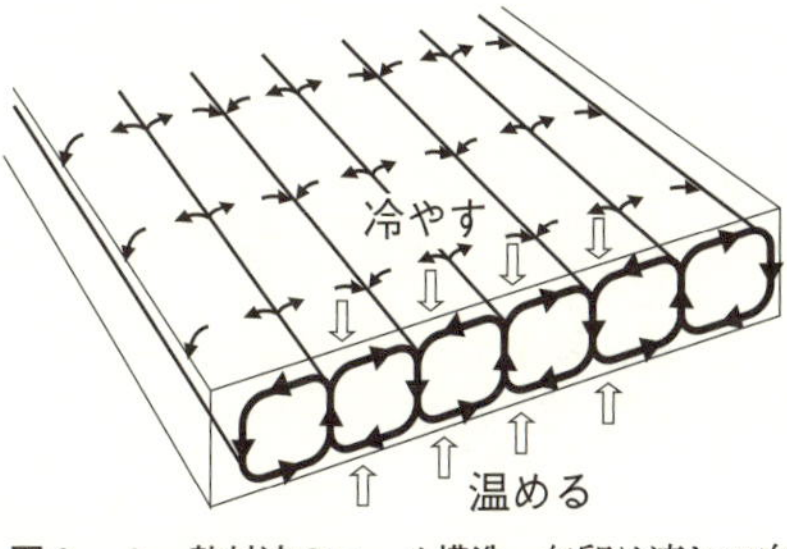

図2―3　熱対流のロール構造　矢印は流れの向きを表わす。

ニットが、規則正しく格子状に整列するのです。

上面に覆いをして、表面張力の効果を排除した実験では、図2―3のようにロールケーキを並べたような、より単純な構造がしばしば現われます。一つのロールが一つの循環を表わし、循環の向きは隣りあうロールどうしで互いに逆になっています。このような対流構造は**ロール構造**、**ロールパターン**などとよばれています。

運動法則と状態空間

熱対流のパターンは、プリゴジンが提唱した散逸構造の典型的な例です。熱の拡散や、流動にともなう内部摩擦のために、たえずエントロピーは生成されますが、それは熱とともに外部に排出され続けます。したがって、システムが「劣化」することはありません。

エネルギーの流れやその変換、エントロピーの生成などといった熱力学的な言葉を用いて熱対流現象をさまざまに解釈することはできるかもしれません。しかし、そうした熱力学的な解釈だけでこの散逸構造を理解しようとしても、ごく大まかな記述にとどまらざるをえないでしょう。どんな条件の下で静止した流体が不安定になって流動がはじまるのか、その結果どんな流動パターンができるのか、温度差をさらに大きくしていくと流動はどうなるのか、そしてこれらすべてのことがらは流体の種類や容器の形状とどのように関係しているのか等々、こうした現象の詳細を理解しようとするなら、流体運動を記述する運動法則にもとづいた解析によるのが唯一の道だと思われます。数理の言葉で現象をあいまいさなく表現するためにも、このようなアプローチは不可欠です。

流動現象に限らず、非線形現象の科学では、運動法則というものがあらゆる理論の基礎になります。流体の運動法則、すなわち流体力学方程式の形は幸いなことに古くから確立されていますので、ほとんどの流動現象はそのうえに立って考察を進めることができます。しかし、さまざまな非線形現象のすべてについて、その基礎となる運動法則がわかっているわけではありません。むしろ、それがわからない場合のほうがはるかに多いかもしれません。では、その場合は完全にお手上げかというと、必ずしもそうでないところが非線形科学の面白さでもあります。この点については、またあらためて述べるとして、運動法則というものについて陥りがちな誤解を避けるために、二、三の注意をあらかじめ述べておきたいと思います。

非線形科学がいうところの運動法則は、ニュートン力学の運動法則のように必ずしも文字通りの物体運動を支配する法則を意味するわけではありません。科学者は「空間」や「運動」というものを、現実の三次元空間やそこでの物体の運動に限定しないで、それよりもずっと抽象的なものとして考える習慣をもっています。たとえば、ある化学反応が進行しているとします。この反応にはA、B、C、Dという四種類の化学物質がからんでいるとしましょう。反応の過程でA、B、C、Dの量は刻々変化するでしょう。これら四つの量を座標軸とする四次元の空間を考えます。これは**状態空間**とよばれる抽象的な空間です。四種の物質の量が時間とともに変化する様子は、この空間の中の一点の運動で表わすことができます。反応式や反応速度がすべてわかっていれば、この状態点の運動を支配する「運動法則」がわかるでしょう。なお、化学反応のダイナミクスについては、次章でより詳しく述べます。

状態空間の次元は、私たちが観察対象について関心をもっている物理量の数、あるいは対象の記述に必要と考える変数の数で決まります。三〇種類の化学物質が関与する複雑な化学反応のダイナミクスでは、三〇次元の状態空間を用意すれば完全でしょう。しかし、そのうちの二種類の化学物質の量だけが重要な変数で、他のすべてはこれら二つに従属して振る舞う、という場合には、二次元の状態空間でも事足ります。次章では、じっさいこのような例を見るでしょう。

流体運動に話を戻しますと、もしそれをほんとうに正確に記述しようとすると、莫大な数の変数、つまり超高次元の状態空間が必要です。たとえば、ベナールの対流のように閉じた容器の中の流体を考えてみましょう。容器内のすべての点で流れの速度を指定して、はじめてある時刻での流れの状態が完全に記述できるわけですから、これら無数の量をすべて変数と考えなければなりません。熱対流の場合には、これに加えてすべての点の温度の値も必要です。ともかく、状態を正確に記述するためには、この場合、莫大な数の変数が必要ですから、状態空間の次元は、それと同じ値、すなわち超高次元ということになります。しかし、ここでは、「状態空間とその中の運動」といういくぶん抽象的な考え方になじんでいただきたいだけですから、状態空間の次元の大小についてはこれ以上深入りしません。

　化学反応のダイナミクスのように、状態空間での抽象的な運動が現実の物体運動とまったく関係がないということは、しばしばあります。したがって、「運動」のかわりに「時間発展」という用語が広く使われます。そして、時間発展を支配するルールが方程式の形で表わされる場合、それを「**発展方程式**」とよびます。多くの場合、発展方程式は微分方程式の形で与えられます。流体力学の方程式もその一つです。微分方程式にもいろいろありますが、その中でも「各時刻における状態の変化速度がその時刻での状態自身によって与えられる」という形のものが最も広く現われます。プロローグで述べた「バクテリアの増殖の速さはバクテリアの総量に比例する」という法則は、その最も簡単な例の一つです。状態空間の各点でそこを通過する状態点の速度が決まっており、それが一般的な数式で与えられている法則、といっても同じことです。このタイプの法則によって記述される対象を「**力学系**」とよんでいます。ですから、力学系といっても、これはニュートン力学のような三次元空間での物体の運動を支配する力学系よりも、はるかに広い意味をもつ力学系です。

力学系に含まれる変数の数、つまり状態空間の次元を力学系の次元ともいいます。たとえば、三次元力学系とは三つの変数を含む力学系で、システムの状態変化は三次元状態空間の中の点の動きとして表わされます。「変数」と似た意味で**自由度**という用語も便利なので、しばしば用いられます。たとえば、三次元状態空間では、三つの独立な方向に状態点が動く可能性がありますから、それを三つの自由度をもつシステムとよぶことができます。「少数自由度力学系」とか「二つの自由度の間の相互フィードバック」などもよく使われる言葉ですが、それらの意味もおのずと明らかでしょう。

決定論とゆらぎ

しかし、この複雑にゆらぐ現象世界は、決定論的な力学法則が支配する世界とは一見ひどく違って見えます。決定論的な世界では、ごくふつうの意味で「ゆらぎ」が入る余地がありません。もしも、非線形現象がすべてこのような決定論的力学系の問題に帰着するなら、何だか味気ない、というか、ほんとうにそのようなアプローチで大丈夫なのだろうかという気もしないではありません。冷え冷えとした抽象的な状態空間の中で、状態点が決定論の法則にしたがって描く軌跡……。それは自己組織化する生きた自然の彩りの豊かさからは、あまりにもかけ離れているように見えます。そもそも、複雑にゆらぐ現象世界に果敢に分け入ろうとする非線形科学が、微分方程式という、初期状態を決めればその後の運命が一義的に決まるような法則の世界にすっかり身をゆだねてしまってよいものでしょうか。

実をいえば、この決定論的力学法則の世界に徹しきるところから、カオスという新しいゆらぎの広大な世界が開けてきたわけですし、あたかも意志をもつもののように自己組織化する自然が、決定論的自然像に矛盾するわけでもありません。それに、第六章で見るように、非線形科学だからといって、必ずしも決定論的力学系のみを扱うわけではありません。しかし、そのようなことがはっきりわかるようになったのは後々のことで、右のような違和感は非線形科学の分野に参入した当初、私自身が抱いていたものでした。特に、この分野に入る以前は、もっぱら物理的なゆらぎを統計的に扱う統計力学という分野で研究をしましたので、ゆらぎがまったくないうえに、エネルギーやエントロピーという物理概念さえ出てこない力学系の寒々とした世界に入ることに、なおさらためらいを覚えたのかもしれません。

統計力学は、もともと原子・分子のミクロな世界とマクロな物質の性質とを関連づけるために必要とされた分野でした。それは、ミクロ世界のランダムなゆらぎを統計的に扱うためには、不可欠な理論的手段です。一方、非線形現象の科学は、ミクロにもとづいてマクロを理解するというよりは、マクロレベルで現われる創発現象をそのレベルにおいて理解することを主眼としています。したがって、そこでは統計力学の意義はそれほど自明ではありません。たとえ、統計力学がそこで必要とされるにしても、従来とはよほど違った形の「ゆらぎの科学」として、その新しい姿を現わすはずです。しかし、それが明らかになるのはずっと後のことであり、非線形科学の黎明《れいめい》期においては、何よりもまずいったんゆらぎに訣別《けつべつ》し、決定論の世界に身を投じることがこの科学の新しい地平を切り開くうえで決定的に重要でした。この思考の転換は、非線形現象の解明をめざす、当時の多くの物理学研究者に突きつけられた共通の試練だったように思います。

　私がどうにか迷いを払拭できたのは、ルネ・トムの**カタストロフィー理論**を知ったことが大きく影響しています。トムは一九五八年にフィールズ賞を受賞した純粋数学者でしたが、一九六〇年代後半にカタストロフィー理論とよばれる理論を展開し、一九七二年にその理論にもとづく自然学ともいうべき『構造安定性と形態形成』という著書を著して、一躍時代の寵児《ちょうじ》になりました。本来はきわめて高度な数学的内容をもつカタストロフィー理論ですが、安直に社会のカタストロフィー（破局）現象と結びつけて解釈されるなど、週刊誌さえ大々的にとりあげるほどに、それは広く知られるところとなりました。私にとっての大きなインパクトは、カタストロフィー理論の高度に数学的な内容ではなく、またセンセーショナルに誇張・歪曲《わいきょく》化されたその通俗版でもなく、彼の著書で展開されているその力強い自然観でした。

　それは「散逸力学系の分岐現象」という概念に関係しています。この概念については、この章の後のほうであらためて述べますので、ここではさっと触れるだけですが、カタストロフィー理論はそれに関する数学理論です。力学系は一般に物理的な環境条件を規定するいくつかのパラメーターを含んでいます。分岐とカタストロフィーとはほぼ同義語で、パラメーターの値を連続的に変化させたとき、力学系の振る舞いが突如変化する現象をそのようによびます。

熱対流で上下の温度差を大きくしていったときに突然流動がはじまるのは、カタストロフィーの一種です。もっと卑近な例では、テーブルの上に立っているビール瓶の口をゆっくりと水平に押していくと、あるところで瓶は急に倒れますが、これもカタストロフィーとみなせます。環境の連続的な変化に応じて振る舞いも連続的に変わるのなら、私たちはあまり注意を払わないのがふつうですが、突然の変化は人目を引きます。状態の断絶というものに着目することによってこそ、錯綜した自然現象に一つのくっきりとした輪郭を与えることができるという考えが、トムの自然学の根底にあります。そして、このような自然観を明確に表現しうる数理言語を開発することが、何よりもまず必要であると彼は唱えました。決定論的な力学系の数理言語こそが、その目的に最もかなったものだといえるでしょう。

カタストロフィー理論は、このような自然観を具体化するための一つの試みだといえます。もっとも、この理論は力学系の分岐理論とはいえ、そこで扱われた力学系は「勾配力学系」という特殊なものです。それは起伏のある地形の中を、地面の勾配の大きさに比例した速度で運動するボールにたとえられる力学系で、最後に到達する安定状態は静止状態しかありません。このように限定された力学系であるため、いかに高度な理論がそこで展開されていても、現実の問題に広く適用できるような理論ではありえないことは確かです。数学的方法と聞けば、とかく物理的問題への応用可能性を問いたがる物理学者からすれば、この理論がそれほど評価されないのもうなずけます。しかし、私にとっては、その理論がものの役に立つかどうかなどはどうでもよいことで、その力強い自然観こそが魅力のすべてでした。迷いの中にあった私を大いに勇気づけ、ゆらぎへの未練を断ちきる勇気を与えてくれたものがそこにありました。

プリゴジンとともに非線形科学の草分けとして名高いヘルマン・ハーケンという物理学者がいます。かつて、同氏は関連分野の著名な学者を集めた会議を、ドイツの古城を会場にして定期的に主催していました。一九七七年の春、私がハーケン氏の元に滞在しているとき、その一つに参加させてもらいました。そこでトム氏の講演をはじめて聴いたのですが、講演の中での発言が印象に残っています。分岐点前後でのゆらぎの異常増大の問題を当時熱心に考えていたハーケン氏が最前列に座っていて、その問題との関連で何かトム氏に質問したときだったと思うのですが、トム氏は「ゆらぎについてあれこれいう人を私はあまり好きじゃない」と言い放ちました。ハーケン氏が「恐れ入った」とばかりに頭を掻《か》きながらはにかみつつ苦笑いしていたのを思い出します。

定常、振動、カオス

話が脇道にそれましたが、力学系の発展法則に関する話に戻りましょう。発展方程式そのものは、状態変化の一般的ルールを与えるだけですから、それだけでは具体的に状態がどう変化するかは決まりません。たとえば、ニュートンの運動法則にしても、それは単一のルールでありながら千差万別の力学運動を完全に支配しています。具体的な振る舞いが決まるためには、初期時刻での状態を決めてやらなければなりません。しかし、そのようにして振る舞いが原理的に決まるとしても、それを具体的に知るためには、方程式を「解いて」みなければなりません。解いた結果を方程式の「解」とよびます。前に述べたタイプの力学系、すなわち、状態空間の一点一点でそこを通過する状態点の速度が決まっている力学系では、出発点を与えれば微小な過程を積み重ねていくことで解が得られるでしょう。コンピュータを使えば、これは実行可能です。しかし、非線形な力学系では、解を数式で表現することができない（つまり、解析的に解けない）のがふつうで、これがつねに悩みの種です。その困難をどう克服するかは大問題ですが、とりあえずここでは、何らかの方法で解が得られたとして話を進めます。

時間が経ってもまったく変化しないような特別な解を**定常解**とよびます。定常解は速度がちょうどゼロになる点で与えられます。振り子の振動が空気抵抗によって減衰し、やがて静止するように、状態が最終的に定常になることは、しばしばです。勾配力学系ではつねにそうなることは、前に述べました。減衰していく振り子では、その定常点は熱平衡状態に対応していますが、熱対流のような非平衡開放系での定常点は、**非平衡定常状態**に対応しています。熱対流における伝導状態やそれが不安定化して生じる規則正しい対流状態は非平衡定常状態であり、流体力学方程式の定常解です。ちなみに、流体が「動く」なら定常ではないのではないかと考えられるかもしれませんが、ここではその意味で定常といっているのではありません。物は動いても流れの速さという力学変数は時間的に一定なので、力学系の解としては定常なのです。

定常解が熱平衡か非平衡かの区別は物理的には非常に重要ですが、力学系の振る舞いとして数学的に抽象化してしまうと、この区別が見えにくくなります。これは抽象化された数理モデルの欠点であり、長所でもあります。長所だというのは、具体的な物理的状況のあれこれに煩わされず、詳しい理論解析ができるからです。もし、それによって深いレベルの数理構造が明らかになれば、あらためてそれを物理的な言葉に翻訳しなおすことで、このアプローチの欠点を補うことができるでしょう。

システムが定常状態に落ち着かず永久に変動し続ける場合も、珍しくありません。開放系では、動きのないところから動きが生み出されるようなシステムに強い関心が寄せられますので、このような永続的な運動を表わす解は大変重要です。永続運動のうち最も単純なのは、状態が一定周期で繰り返し変化する場合です。つまり、周期運動です。これは発展方程式の**時間周期解**、または**振動解**などとよばれます。状態空間の中では、周期運動は惑星の運動のように一つの閉じたループ上を永遠に周回する状態点の運動として表わされます。また、同じ状態が二度と実現されない非周期的な運動もしばしば現われます。その場合には、軌道は決して閉じません。その代表的なものが、カオス運動です。振動現象やカオス現象については、この章の後半でも少し触れますが、詳しくは章をあらためて述べることにします。

解に関することで、非常に重要なことがらは、その安定性です。さしあたりは、定常解の安定性という最も簡単な場合についてだけ述べましょう。地球儀の頂点に置いたピンポン玉は原理的には動かない、つまり速度ゼロの定常状態にありますが、不安定です。ほんのわずかな攪《かく》乱《らん》で、ピンポン玉は転げ落ちるからです。これに対して、すり鉢の底に置いたピンポン玉は安定です。少々攪乱されても、やがてそこに復帰するからです。抽象的な状態空間における定常点の安定性についても、これと同様の考え方ができます。定常点からどの方向へでもよいですが、状態をわずかにずらしたとき、そのずれた状態点が発展方程式にしたがってどのように振る舞うかを見ればよいわけです。定常点に復帰すれば、定常解は安定であり、ますます遠ざかるなら、それは不安定です。現実には、地球儀の頂点には決してピンポン玉を置けないのと同様に、不安定な定常解そのものは実現不可能です。しかし、それは現実化しうるいくつかの安定解の間の分水嶺の役割を果たす場合がありますので、システムの大域的な振る舞いにとっては、その存在が重要でないとは決していえません。

すでに述べたことですが、発展方程式がわかっていても、それが非線形なら一般に解を求めるのは難しいうえ、多くの場合には発展方程式の形さえ知られていないのが現実です。もっとも、法則のわからなさにもいろいろ度合いがありますし、その度合いに応じたアプローチには、後で繰り返し触れるように、さまざまな工夫の余地があるのですが。しかし、順序としては、まず信頼するに足る発展方程式を手にしている場合について考えるのが自然です。流体運動を記述する発展方程式はナヴィエ・ストークス方程式とよばれ、その普遍妥当性は無数の適用例を通じて十分確立されています。その点で流体運動は、非線形現象に関わるさまざまな概念を見出し、深化させるのにかっこうの研究対象だといえます。熱対流現象の研究が非線形科学の発展にとって牽引《けんいん》車の役割を果たしてきたという事実が、そのことを物語っています。

線形理論

信頼するに足る発展方程式がわかっているのは、たしかにありがたいことですが、その先には大きな困難が待ち受けています。繰り返し述べるように、流体力学方程式のような非線形な方程式を扱うときに、四則演算や微分積分などの手段、つまり解析的な手段で扱える場合は、ごく限られているからです。プロローグでも述べましたが、非線形システムは線形システムと違って、それを独立に振る舞う要素に分解することが、一般に不可能です。だからこそ、要素間の協同作用から、自己組織化現象も現われるのです。取り扱いの難しさは、現象がもつ魅力の大きさの代償だといえます。

熱対流の理論を最初に展開したのはレイリー卿で、一九一六年の研究においてです。レイリーは理論的に扱いやすいように理想化された物理的状況を考えました。それは、流体層の厚みに比べて水平面の広がりが十分に大きく、かつ流体が上下の面と接触しているところで、面からまったく粘着力を受けないと仮定された状況です。そして、その状況の下で（したがって、あまり現実的とはいえない状況の下で）流体がどのような場合に静止状態を保てなくなり、運動しはじめるかを明らかにしました。

この理論は流体力学方程式にもとづいてはいますが、線形理論です。第一に、いたるところ流速がゼロという伝導状態は、ごく単純な定常状態ですので、そのような定常解が存在することと自体は、たとえ方程式が非線形でも、一見すればただちにわかります。第二に、その安定性を調べるためだけなら、前にも述べたように、その状態をほんの少しかき乱したとき、元の状態に復帰するかどうかを調べれば十分です。伝導状態を完全にフラットな水面にたとえるなら、わずかにかき乱された伝導状態は、水面にさざ波が立っている状態にたとえられるでしょう。

プロローグで見たように、さざ波は互いに独立に運動する波の要素に完全に分解できる線形システムとして扱えます。すべての波の要素が時間とともに減衰してやがて消えてしまうなら、元の静かな水面に戻りますから、これは伝導状態が安定な場合に対応します。逆に、波の要素の一つでも、その振幅が時間とともにどんどん増大するなら、伝導状態は不安定です。このようなやり方で線形化された方程式にもとづいて安定性を調べる理論を、**線形安定性理論**とよんでいます。線形という限界はありますが、レイリーの研究はきわめて重要です。このことから、ベナールとレイリーの名に因んで、暖まった流体の浮力によって引き起こされる熱対流現象は**レイリー・ベナール対流**ともよばれます。

レイリーの理論によって、上下の温度差がある値を超えると、流体は静止状態を保てなくなるということが明らかになりました。この臨界温度の値は、流体の粘性抵抗率、熱伝導度、熱膨張率および流体層の厚さで決まります。しかし、このような線形理論だけでは、不安定になった結果、どのような流動状態が生じるかについては何もいえませんし、いっそう温度差を大きくしていったとき、そのような流動パターンがいつまで安定性を保つかなどについてもまったくわかりません。これらは真性の非線形問題となるので、大変難しいのです。レイリーのような真正直なやり方では、それを一歩先に進めることさえ非常に困難です。まして、その先は気の遠くなるような茨の道でしょう。しかし、非線形科学の面目が発揮されるのは、まさにそうした困難な局面においてです。

二つのアプローチ

これと同様の困難は熱対流以外のさまざまな流れ現象でも遭遇しますし、流れ現象以外の非線形現象にも共通することです。こうした困難を、非線形科学はいかにして乗り越えようとするのでしょうか。まず、二つの対照的なアプローチを以下に述べましょう。いずれも大きな利点と大きな欠点をあわせもっていますが、これらのアプローチを併用することで非線形現象の理解は大いに進みました。ここでは、引き続き、レイリー・ベナール対流現象に即して議論を進めます。

第一の方法は、きわめてわかりやすいものです。コンピュータを駆使するのです。ですから、これは非線形科学の専売特許ではありません。流体力学方程式を人手による式の操作で扱えないなら、それをコンピュータの力で数値的に解いてもらおうというわけです。初期状態として、流れの速度と温度に関する空間分布が与えられるとします。これは適当にこちら側で設定してかまいません。時間とともに、いずれしかるべき運動状態に移行するでしょうから。後に見るように、「いずれ、しかるべき運動状態に移行する」というのが、流体のように散逸を含む力学系の特徴なのです。ともかく、速度と温度の空間パターンがその後どのように時間変化していくかをコンピュータに追跡させるのです。いわゆる、コンピュータ・シミュレーション（以下、単にシミュレーションとよぶ）です。

コンピュータの計算能力や、計算結果の可視化技術の進歩は著しいので、今日では現実の流体運動と見まがうばかりのシミュレーション結果を見ることも珍しくありません。理論モデルが十分現実的なものなら、それにもとづいたシミュレーションは実験に近いものになるともいえます。単なる実験に堕してしまえばつまらないとも考えられますが、シミュレーションの大きな利点として、環境条件を自由に変えられること、そして現実の実験では観測が困難な物理量を「観測」できるということがあります。これらの利点もあって、シミュレーションは現象の予測、新種の現象の発見、現象を支配しているメカニズムの解明などに絶大な威力を発揮しています。しかし、現実の実験がそうであるように、シミュレーションは個別の状況それぞれに応じた答えしか出してくれません。これは、一つの数式がさまざまな状況に共通することがらをつづめた形で教えてくれるのとは対照的です。シミュレーションは理論構築のための有用なヒントは与えてくれるかもしれませんが、理論そのものは与えません。

第二のアプローチは、第一のものと正反対です。それは粗っぽくいえば「物離れ」した立場とでもいえるでしょうか。第五章でカオス現象に関連して登場する**ローレンツ・モデル**を例にとって、このアプローチの特徴を述べましょう。これまでやや抽象的に述べてきた「力学系」

「状態空間」「発展方程式」「解」「安定性」「分岐」などの意味も、このモデルを通して眺めることでその具体的な意味がよりはっきりするでしょう。

ローレンツ・モデルはエドワード・ローレンツが一九六三年に提出した熱対流の微分方程式モデルです。熱対流を記述する完全なモデル方程式は、流体力学方程式（ナヴィエ・ストークス方程式と熱の拡散を表わす方程式とが組みあわさったもの）です。しかし、右に述べたように、そのまともな解析は、レイリーのやったこと以上に進もうとすると、とても大変です。そこで、流体方程式を大胆にもわずか三つの変数を含むモデル、すなわち三次元力学系で近似してしまいます。これがローレンツ・モデルです。

流体運動を正しく表現するには、きわめて多数の状態変数が必要だと前に述べました。ローレンツ・モデルは、図2―3（57ページ参照）に即していえば一対のロールのみを収容できるような小さなシステムに対するモデルですが、それでも無数の空間点を含んでいますから、正確には無限個の変数が必要です。それをわずか三つの変数で代用してしまおうというのですから、大胆きわまりありません。三変数で近似するにあたってはそれなりの理由づけはあるのですが、ここでは述べません。ちなみに、ローレンツ・モデルは次のような形をもっています。

$$\dot{X}=-\sigma X+\sigma Y,\ \dot{Y}=-XZ+rX-Y,\ \dot{Z}=XY-bZ$$

数式によって読者を悩ませるのは、私の本意ではありません。ここでは、式の具体的な形が問題なのではなく、これを眺めていただくだけで結構です。ただ、最小限のことはいっておきたいと思います。三つの変数は、この式ではX、Y、Zで表わされています。$\dot{X}$、$\dot{Y}$、$\dot{Z}$はそれらの変化速度を表わしています。したがって、この式は、三次元の状態空間の中の一点の座標（X, Y, Z）が与えられたとき、そこを通過する状態点の速度の三つの方向成分$\dot{X}$、$\dot{Y}$、$\dot{Z}$が、どのように表わされるかを示しています。状態点Pがこの規則で与えられた速度でわずかに動き、次の瞬間にP′の位置に来ると、X、Y、Zの値もわずかに変化します。それによって、P′点での速度もPでのそれとはわずかに違ったものになり、その速度でわずかに動いて次の瞬間にP″となる、云々。このような微小過程が次々につながることで、状態が時間的に発展します。出発点を与えておけば、その後の時間変化は右の規則で完全に決まるわけです。微分方程式で表わされる時間発展が「決定論的」とよばれるのは、そのためです。

この式にはX、Y、Z以外にσ、r、bという三つの記号も見えます。X、Y、Zが時間変化する量（状態変数）であるのに対して、σ、r、bの値は固定されています。それはパラメーターとよばれ、流体が置かれている環境条件や流体の物理的性質によってその値が決まっています。温度という環境パラメーターが変化することで水が凍ったり沸騰したりするように、パラメーターが変化することでシステムの振る舞いはさまざまに異なる様相を見せます。それを調べることは、非線形科学の最も重要なテーマの一つです。パラメーターrの物理的な意味についてだけ述べておきますと、それは流体の上面と下面の温度差に比例する量を表わしています。したがって、rは熱平衡状態からの隔たりを表わす最も重要なパラメーターです。

ところで、三つの変数X、Y、Zの実体は何でしょうか。それらは、無数にある空間点から三つの代表点を選んで、そこでの流速や温度を表わしたものではありません。ここでは、変数というものに対する見方をまったく変えています。つまり、流速や温度の空間パターンを、さまざまな波長をもつ正弦波の重ねあわせとして見ているのです。そして、要素となるおのおのの波の振幅を変数とすることで流れを記述する方法を採用しているのです。ただし、今の場合には、「さざ波」では記述できない非線形の領域を調べようというわけですから、要素と要素との相互作用が決定的に重要です。

変数というものに対する右の二つの見方は等価です。各瞬間での流体の状態を完全に表現するには、第一の見方では無数の空間点が必要だったように、第二の見方では無数の波を考える必要があります。X、Y、Zはその中で最も重要と考えられる波の三つをピックアップし、他を無視したものです。これらのうち、Xは流速の波に関係し、YとZは温度の波に関係しています。これら三つの波の合成で対流のパターンとその運動を記述し、それ以外の波はすべて無視しようというわけです。

散逸力学とアトラクター

それにしても、これは乱暴すぎる近似だ、と誰しも思うでしょう。これが現実の熱対流を正しく記述するとは、とても思えません。ローレンツとしても、それは百も承知のはずです。彼は大気物理学者ですから、大気の大循環については熟知していて、彼のモデルもそれとの関連から提出されたものには違いありません。しかし、それは彼が熱対流現象の詳細を知りたかったからではありません。彼の関心は、はるか彼方の概念的な問題に向けられています。それはカオスと今日よばれているような複雑な運動が、いとも簡単にこのような単純なモデルから出てくるということを主張したかったがためです。気象学との関連でいえば、長期予測が難しいのは、必ずしも現象に関係する要因が複雑雑多であるせいではないということを主張したいがためでした。カオスの存在は、今日では誰の目にもまぎれもない現実です。この現実に人々の目を開かせるために、あえて現実離れしたモデルを導入するというパラドクスがここにあります。これこそ非線形科学の特色を鮮やかに示すものです。ローレンツ・モデルのインパクトは、熱対流はおろか気象学をもはるかに超えて、私たちの自然観さえ大きく変えてしまいました。これについては、第五章であらためて述べることにします。

カオス現象を示すことがローレンツ・モデルの最大の特徴ですが、それを脇に置いてもこのモデルは大変教育的なモデルで、それを通して非線形科学の基本的な考え方についていろいろと学ぶことができます。状態空間が三次元というのも、ふつうの空間のイメージを使いやすいというメリットがあります。そこで、次章以後の話にも役立てる目的で、このモデルに少し立ち入り、いくつかの基本概念になじんでおきましょう。

エントロピーをたえず生成する非平衡開放系を力学モデルで表わすと、それは一般に**散逸力学系**とよばれる力学系の種族に属します。ローレンツ・モデルも典型的な散逸力学系です。これに対して、エントロピー生成をともなわない過程、たとえば空気抵抗のない振り子の運動や弾性衝突を繰り返す分子集団の運動を記述する力学系は**保存力学系**とよばれます。

両者の重要な違いは、次の点にあります。散逸力学系では、どんな初期状態から出発しても、状態はいずれ落ち着くべきところに落ち着きます。落ち着くといっても、時間変化がなくなるというわけでは必ずしもありませんが。一方、保存力学系では、決まった落ち着き先というものがなく、どんな運動を示すかは初期状態によります。

たとえば、保存力学系の例として空気抵抗のない振り子を考えますと、最初に大きく振らせれば大きく振れ続け、小さい振れから出発すれば微小な振動を持続します。そこではエネルギーの散逸がありませんから、最初に振り子がもっていたエネルギーが保たれ、その値の大小によって運動が異なるのです。散逸力学系でも振動状態に落ち着くことはしばしばありますが、その場合、小さく振っても大きく振っても、振幅はやがてある一定の値に落ち着きます。その値はシステム自らが決定します。とりあえずは、その意味で「落ち着く」のだと理解しておきましょう。もちろん、カオス状態にも「落ち着く」ことができます。落ち着き先は、状態空間の中では**アトラクター**とよばれるオブジェクト（状態点の集まり）で表わされます。アトラクターとは「引きつけるもの」という意味で、「落ち着く」というのとほぼ同じ意味です。安定な定常状態は、ただ一つの点からなるアトラクターです。振動状態はループ状のアトラクターです。カオスのアトラクターは、第五章で述べるように非常に複雑な構造をもっています。

「しかるべきところに落ち着く」という散逸力学系の特徴を、ローレンツ・モデルに即してもう少し正確に表現してみましょう。X、Y、Zを三つの直交座標軸とする三次元空間の中に、どんな大きさでもよい一つの球形の領域を考えます。別に球形である必要はないのですが、イメージをはっきりさせるためにそう考えます。この仮想的な球は内部に無数の状態点を含んでいますが、その中から十分密に分布した多数の代表点を選んで、それらの動きを同時進行で追跡したとします。それによって、この球そのものが時間とともにどのように変形していくかがわかるはずです。以下で「球の変形」というときにはその意味で述べています。

球は時間の経過とともに潰れたり引き伸ばされたり、さまざまに変形していくかもしれませんが、その体積はどう変化するでしょうか。ローレンツ・モデルでは、それが一定の割合で縮小していくことが、簡単な計算からわかるのです。一定の割合で縮小するとは、ちょうど放射性同位元素が崩壊するときのように、一定の時間ごとに半減していくということです。たとえば一秒で1／2になるとすれば、一分の後には1／2の60乗、つまり元の体積の 0.000000000000000000867…倍になってしまいます。要するに、時間が十分経てば、体積は実質的にゼロになるということです。これはすべての散逸力学系に共通する性質です。ただし、減少率が一定不変というのは、ローレンツ・モデルに特有な性質ですが。ともあれ、体積の限りない縮小によって、球内に最初に選んだ多数の初期点のすべてが単一の運動状態に収束していくのです。その最終的な運動状態が、アトラクターに対応しています。これに対して、体積が変化しないのが保存力学系です。ですから、保存力学系にはアトラクターはありません。

実質的に状態空間の全体とみなせるような十分大きな球から出発すると、それが変形し収縮した極限として残るものは、あらゆる状態点をそこに引きつけるアトラクターです。したがって、十分大きな球がつねに一点に収縮してしまうなら（あるいは、複数の孤立した点に収縮してもよいですが）、アトラクターは定常点のみであるということになります。つまり、その場合はどんな状態から出発しても、最終的には定常状態にいたる以外にないということです。しかし、散逸力学系の最終状態は定常状態だけではない、ということはすでに述べた通りです。

振動やカオスなど、非平衡開放系が永続的な動的状態を示す例はごくふつうです。じっさい、体積ゼロとは必ずしも孤立点を意味しないので、ここには何ら矛盾はありません。たとえば、散逸力学系の周期運動は、状態空間の中の一つのループ上の周期運動で表わされるといいましたが、それは太さゼロのループですから、ループの体積はゼロです。十分大きな球が最終的にこのようなループに収縮したとすると、これはどんな初期状態から出発しても、システムがある決まった振動状態に最終的に落ち着くということを意味しています。軌道が決して閉じることがない複雑な運動であるカオス運動では、その軌道の全体が作るオブジェクトも実は体積ゼロです。体積ゼロのこの複雑なオブジェクトを、**奇妙なアトラクター**または**カオス・アトラクター**とよんでいます。

これまでに述べた三種類のアトラクター、すなわち定常点、閉じたループ、およびカオス的アトラクターは散逸力学系のアトラクターとして代表的なものです。実は、もう一つ**トーラス**とよばれる別のアトラクターがあります。それは、三次元の状態空間ではドーナツの表面のような形をもつアトラクターで、準周期運動とよばれる運動状態に対応するものです。厚みをもたない表面ですから、やはり体積としてはゼロです。周期運動ならループ上の一次元運動でしたが、これにもう一つ独立な周期運動がからんでくるのが準周期運動（正確には二重周期運動）です。そのために運動の自由度が一つ増えて、二次元運動になるのです。状態点は無限に長い時間をかけてトーラス上をくまなく経巡ります。散逸力学系の代表的アトラクターは、トーラスを加えたこれら四種類です。なお、用語に関することですが、右で閉じたループとよんだものは**閉軌道**とよぶのが慣わしです。そして、周囲の状態点を引きつけるこのような閉軌道を安定な**リミット・サイクル**、その上の周期的な運動を**リミット・サイクル振動**とよんでいます。リミット・サイクル振動については、第三章と第四章でたびたび述べる機会があります。

分岐現象

座屈とよばれる、日常でもよく経験される現象があります。まっすぐのしなやかな棒があるとして、棒の軸方向に荷重をかけます。荷重がある限度以上になると、棒が突然たわむという現象です。これは分岐現象とよばれるものの最も古典的な例で、一八世紀の大数学者レオンハルト・オイラーの頃から研究されている現象です。一般に、ある外的条件（右では荷重）を変えていったとき、それまでの状態が不安定化して突如新しい状態が現われる現象を分岐現象とよぶことはすでに述べました。座屈は熱平衡状態にある物体が示す分岐現象です。相転移も力学系の立場からは分岐現象とみなせます。

座屈にしても相転移にしても、熱平衡状態で見られるさまざまな分岐現象は、カタストロフィー理論で扱われた勾配力学系の分岐現象として理解することができます。物体が重力ポテンシャルの低いところをめざして起伏のある地形の中を運動するのが勾配力学系のイメージでしたが、それと同様に物質は熱力学ポテンシャルとよばれる量が最小になる地点をめざして変化し、その到達点が安定な熱平衡状態だからです。しかし、私たちにとって今関心があるのは非平衡開放系であり、そこではこれらに類したポテンシャルは一般に存在しません。したがってまた、そこではよりダイナミックなアトラクターが現われる分岐現象が可能です。以下では、これをローレンツ・モデルを通して瞥見します。

ローレンツ・モデルに含まれる三つのパラメーターのうち、σとbは、ある物理的理由から$\sigma=10$, $b=8/3$ という値に固定するのがふつうです。上面と下面の温度差に比例するパラメーターrの値のみが変えられるとしましょう。これは現実とも合致しています。温度以外の条件、たとえば容器のサイズとか流体の熱伝導度とかは、なかなか自由に変えられるものではありません。温度差がゼロの状況から出発して、それをしだいに大きくしていったとしましょう。すなわち、流体を熱平衡からしだいに引き離していきます。そのとき、流体がどのように振る舞うかをローレンツ・モデルで調べてみます。つまり、パラメーターrを大きくしていったとき、ローレンツ・モデルのアトラクターがどのように変化するかを調べて、それを物理的な言葉に翻訳するということです。もちろん、ローレンツ・モデルは現実を忠実に反映してはいないのですが、当面は現実的なモデルであるかのようなふりをして翻訳することにします。

ローレンツ・モデルでは、状態空間の原点（すなわちX、Y、Zのすべてがゼロという状態点）はつねに定常点になっています。これら三つの量の変化速度がそこでゼロになっていることは、ローレンツ・モデルの式を見ればすぐにわかるでしょう。これは流れの速度がどの場所でもゼロで、温度も水平面内で一様に分布しているという状況を表わしています。つまり伝導状態を表わしています。問題は、それが安定かどうかです。そこで、前にも述べた線形安定性理論をローレンツ・モデルに適用してみます。伝導状態という完全にフラットな水面にさざ波を立てる、つまり三つの変数にゼロでないごく小さな値を与え、そのような微小なゆらぎがすべてゼロに減衰するかどうかを調べるわけです。これを実行してみると、rが1より小さければ伝導状態は安定で、1より大きければ不安定になるということが簡単な計算からわかります。

レイリーの解析では、不安定化したあとどうなるかについては何もいえませんでしたが、ローレンツ・モデルではその程度のことならすぐにわかります。すなわち、伝導状態が不安定化した結果、新しい安定な定常状態が現われます。これは**対流状態**です。前にも述べたように、流体という「物」は動いても流れの速度が一定なので、定常状態です。X、Y、Zに対応する物理量は温度と流速ですから、それらは一定、つまりたしかに定常です。

じっさい、rの値が1を超えると、原点の伝導解が不安定化するのと同時にそこから一対の新しい安定な定常解が生まれます（図2—4参照）。それぞれの定常解は対流状態に対応してい

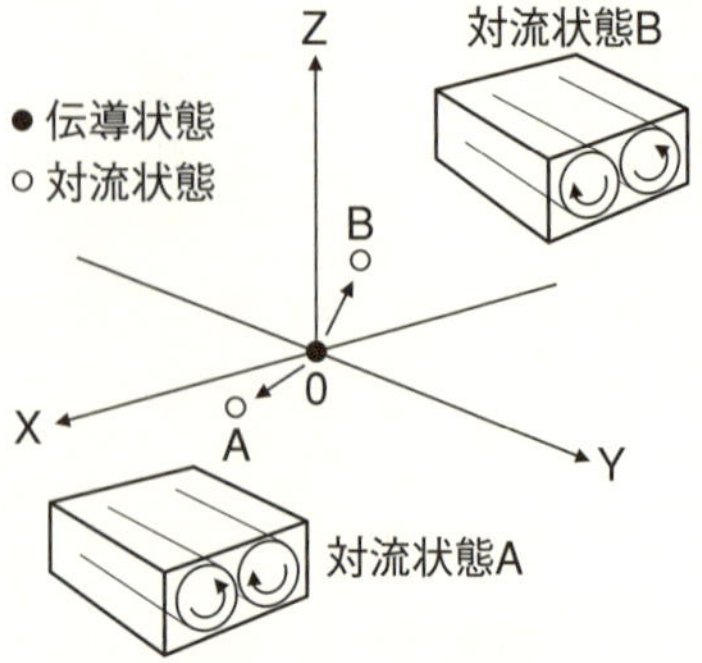

図2—4　ローレンツ・モデル　ローレンツ・モデルでは、状態空間（三次元）の原点Oが伝導状態に対応している。温度差を表わすパラメーター r の値が1以下では、この定常状態は安定である。r が1を超えると不安定化し、そこから一対の新しい定常解（対流状態）AとBが現われる。AとBでは、流れの向きが互いに逆になっている。r が24.74以下では、これらの対流状態は安定であり、この値を超えると、突然、カオス状態が出現する。

ます。なぜ、対として生まれるかというと、一つの対流状態における流れの向きをそっくり逆転させた状態も同じ実現資格をもつ対流状態だからです。そのような対称性をこのモデルは備えているのです。それら一対の安定な解のうちどちらの対流状態が実現するかは、どんな初期状態から出発するかで決まります。新しい定常点は、発生時においては限りなく原点に近く、rが1より大きくなるとともに原点から離れていきます。つまり、生じたばかりの対流は流れがきわめてゆっくりで、水平面内で温度もほとんど均一という、伝導状態にごく近い運動状態ですが、温度差を広げていくとしだいに「ふつうの」対流になっていくわけです。

　ローレンツ・モデルでは、この対流状態の行く末までわかります。すなわち、rをさらに大きくしていくと、定常な対流状態はしばらく安定ですが、rが 24.74 に達したところで不安定になります。この値のやや手前では、対流状態に例のごとく「さざ波」を立てて放置してみると、さざ波は振動しながらゆっくり減衰し、元の定常な対流が回復します。しかし、rがこの値をわずかでも超えると、さざ波の振動は減衰しないでますます大きな振動に成長し、対流状態には復帰しません。

ここまでは人手によるモデルの解析が可能です。しかし、その先にシステムがどうなるかについては、一見簡単そうに見えるローレンツ・モデルといえども、式のうえからでは決してわからないのです。そこで、ローレンツ自身も実行したように、このモデルを計算機にかけてシミュレーションを行うのです。その結果、振動の振幅がどんどん不安定に増大していったあげく、カオス状態が出現することがわかります。カオスの発見者であるローレンツは、実に奇妙で複雑な振る舞いを示すその運動を丹念に調べ、それが決定論的力学法則にもとづく不規則運動であると結論づけました。この複雑な運動は、不安定化した一対の対流状態の間を不規則に移り変わるような運動です。「第一のアプローチ」として述べたコンピュータ・シミュレーションは、現実的なモデルに対してばかりでなくローレンツ・モデルのような極度に単純化されたモデルに対しても不可欠の手段を与えます。このことについては第五章で詳しく述べます。

このように、パラメーターの値を変化させていくと、ある状態が不安定化して、別の状態に突如変化するということが何度か起きます。一つのアトラクターがアトラクターでなくなり、新しいアトラクターに状態が移行するのです。分岐現象を力学系モデルで記述すると、このような表現になります。分岐を引き起こす制御パラメーター（たとえばr）を**分岐パラメーター**とよびます。分岐パラメーターを含む散逸力学系の解析というものは、非平衡開放系の理論の中でも特に重要な部分を占めています。ちなみに、分岐という言葉は、方程式の新しい解が古い解から枝分かれして現われるというところから来ています。

ローレンツ・モデルでは、最初の分岐は一つの定常解（伝導状態）から別の定常解（対流状態）への分岐、二番目の分岐は対流状態からカオス状態への分岐でした。後者の分岐では、定常な対流状態が不安定化して振動しはじめ、その振動が振動のままでは収まらず、直接カオス状態にまで行ってしまいます。しかし、このような振動をともなう不安定性の場合、それが起こるとただちにカオス状態にいたるというのはローレンツ・モデルに固有のことで、多くの場合には安定な振動状態に落ち着きます。いきなり大きな振幅をもつ振動が現われることもあるし、限りなく小さい振動からはじまって分岐点から離れるにつれてしだいに大きな振動になっていく場合もありますが。定常状態から振動状態への分岐を一般に**ホップ分岐**とよんでいます。この分岐を最初にきちんと定式化した数学者ハインツ・ホップの名に因んだものです。

パラメーターrを一本の直線で表わしてみます。この直線上のいくつかの点、すなわちrが1および 24.74 に等しくなる点が分岐点であることは、右に見た通りです。分岐パラメーターを表わす直線上にいくつかの分岐点が現われるという性質は、ローレンツ・モデルに限らず散逸力学モデル一般に共通する性質です。隣りあう分岐点の間の区間は、たとえば定常な対流状態という定性的に同一の状態が持続するパラメーターの範囲を表わしています。この場合「定性的に同一」とは、たとえば、「水は冷たくても温かくても流動性をもつという点で定性的に同一であり、同じくH_2Oからなっていても固い氷とははっきり区別される」という場合の「定性的に同一」と似た意味をもっています。伝導状態やカオス状態も、同様の意味でそれぞれ定性的な自己同一性を保つ領域を形成しています。何らかの不安定性に行き当たるまでは、ものごとは本質的に変わらない、といえばよいでしょうか。理論では、このような性質を**構造安定性**といいます。隣りあう分岐点ではさまれた区間が構造安定な領域です。もっとも、カオスの領域の構造安定性に関しては、ここでは立ち入れない非常にデリケートな問題があるのですが。ともかく、このようにして、定性的に異なった状態が分岐点を境にして互いに仕切られているという構図は、散逸力学系に共通する構造です。

　前に触れたトムの著書名にある構造安定性も、同様の意味です。私たちが複雑な現象世界を何とか理解しようと努めるとき、まず注目するのは、ものごとが定性的に変化するその節目ではないでしょうか。節目を境に何がどう質的に変わるかをつかんでおくだけで、対象を大づかみに理解することができるでしょう。分岐現象が重要なのは、まさしくこの理由によります。

一つの構造安定領域をくまなくスキャンしても、その労力に見合うだけの情報が得られないのに対して、分岐点を境にしてシステムの振る舞いがどう定性的に変わるかをきちんと調べるだけで、かなりのことはわかります。分岐点の近くにはシステムの重要な情報が凝縮されているのです。

幸いなことに、分岐点の近くに限れば、いろいろな散逸力学系に適用できる一般性をもった理論的枠組みを構築できることが知られています。このような理論を**分岐理論**とよんでいます。レイリーによってなされたような線形理論のレベルを超えるのは、まともなやり方ではなかなか難しいと前に述べました。そして、その困難を克服する方法として、二つの対照的なアプローチを挙げました。しかし、実は第三の重要なアプローチがあって、それが分岐理論、あるいはもっと広く、分岐理論を一つの柱とするいわゆる**縮約理論**なのです。縮約理論とは何かを数式を用いないで理解していただくことはかなり難しいのですが、後の章でそのアイデアに少しばかり触れてみたいと思います。

以上で開放系の非線形現象を具体的に考察するための準備が整いました。次章では主として形の自己組織化、すなわちパターン形成現象をとりあげ、それに続く章ではもっぱら時間に関係した自己組織化現象に焦点を当てます。

第三章　パターン形成

文化に関係した人間活動のすべては、広い意味でパターンを作り出し、自然の中にパターンを刻み込む活動だといっても過言ではないでしょう。しかし、自然は人手によらず自らパターンを作り出す能力を秘めています。そして、人々もこのことに気づきはじめ、自然のこのような能力を積極的に取り込んだ新しい技術も開発されはじめています。この章では、自然のパターン形成能力はどこから来るのかについて具体例を通して見ていきます。特に、化学結合のエネルギーという、地球上で最も重要な「潜在的な駆動力」（第一章参照）が顕在化することで生じる構造や運動に焦点を当てたいと思います。

ベルーソフ・ジャボチンスキー反応

前章で述べた熱対流現象と並んで、非線形現象の科学の進展を牽引してきたもう一つの物理現象があります。それは、ベルーソフ・ジャボチンスキー反応の名で広く知られる化学反応です。以下では、慣習にしたがい、両者の頭文字をとって、これをBZ**反応**とよぶことにします。熱対流は温度差という駆動力によって形成される散逸構造でしたが、化学結合のエネルギーも、異なる物質が互いに接触することで解放されることを待っている潜在的な駆動力で、散逸構造の形成能力を秘めています。このエネルギーが解放されると、ストッパーを外された車が坂道を転がり落ちるように、物質は平衡状態（化学平衡）へと駆り立てられます。この過程で物質はエントロピーを生成しながら、必ずしも単調に平衡に向かうのではなく、複雑な空間的・時間的構造を描きながら平衡に向かうのです。BZ反応は、物質の濃度が時間とともに周期的に変動しながら化学平衡に近づいていく化学反応として、最初に注目されたものです。

BZ反応が非線形科学の表舞台に登場するのは一九六八年以後ですが、それに先立つこの反応の発見の経緯には悲哀を含んだドラマがあります。ボリス・ベルーソフは旧ソ連のモスクワ大学の生化学者でした。彼は一九五〇年にこの「振動する化学反応」を発見しましたが、そのときにはすでに五六歳でした。発見のきっかけは以下のようなものでした。呼吸に関係した重要な生化学反応として、クエン酸サイクル（クレブス・サイクル、TCAサイクルなどともよばれる）というよく知られた反応連鎖があります。クエン酸サイクルは当時の生化学者の間ではホットな話題でした。ベルーソフもそうした生化学者の一人で、彼はこれに似た反応を無機物質を用いて、試験管の中で実現しようとしたのです。彼は、クエン酸を酸化する触媒として酵素のかわりに金属イオン、具体的にはセリウムイオンを用いました。セリウムイオンには電気の帯び方に三荷と四荷の二通りの状態があって、反応液では両者が混在しています。四荷のイオンが多数を占めるいわゆる酸化状態では液は黄色がかった色を呈し、三荷のイオンが支配的な還元状態では無色透明になります。

ベルーソフは、化学平衡に達するまでにおよそ一分の周期で、反応液が黄色と無色の間を交互に行き来することを見出しました。そして翌年、その報告を「周期的反応とそのメカニズム」と題した論文として学術誌に投稿しました。しかし、「化学反応が平衡へ向かう過程で振動するわけがない」との理由で掲載をことわられてしまったのです。ベルーソフはその後六年をかけて反応機構を詳細に調べ、それを踏まえた論文を一九五七年に（今度は別の学術誌に）投稿しました。しかし、今回も「まやかし、もしくは著者のはなはだしい無能力の結果」と酷評されて退けられました。失意のベルーソフはもはや誰とも彼の発見を分かちあうこともなく、そのごく短いロシア語の抄録を畑違いのシンポジウムの報告書に載せただけで終わりました。したがって、彼の発見は海外には知られる由もなく、一九七〇年にその生涯を閉じたのです。

　しかし、一九五〇年代後半には、ベルーソフが用いた試薬はモスクワ近辺の化学者の間に出まわり、彼らの興味を惹《ひ》いていました。当時大学院生だったアナトール・ジャボチンスキーは、指導教授からの勧めでベルーソフの実験の追試験を行い、いくつかの点でベルーソフの実験を改良したうえで振動の存在を確認しました。ジャボチンスキーが後年来日したときに彼から聞いたところでは、彼は幾度かベルーソフと接触を試みたようです。しかし、ベルーソフは人と会うことを極度に警戒していて、けっきょく実現しなかったそうです。それは研究上の不遇からベルーソフが人嫌いになっていたからでは必ずしもなく、ベルーソフの知人たちが次々に政治犯として捕らえられていったという、当時の厳しい社会状況が関係していたようです。

ジャボチンスキーは、一九六八年にプラハで開催された「生物および生化学反応における振動現象」に関する国際会議で、彼の研究結果を報告しました。そこには西側諸国からも多くの科学者が参加していましたので、これを契機にこの反応系は一挙に全世界に広まり、驚きと興奮をもって迎えられました。

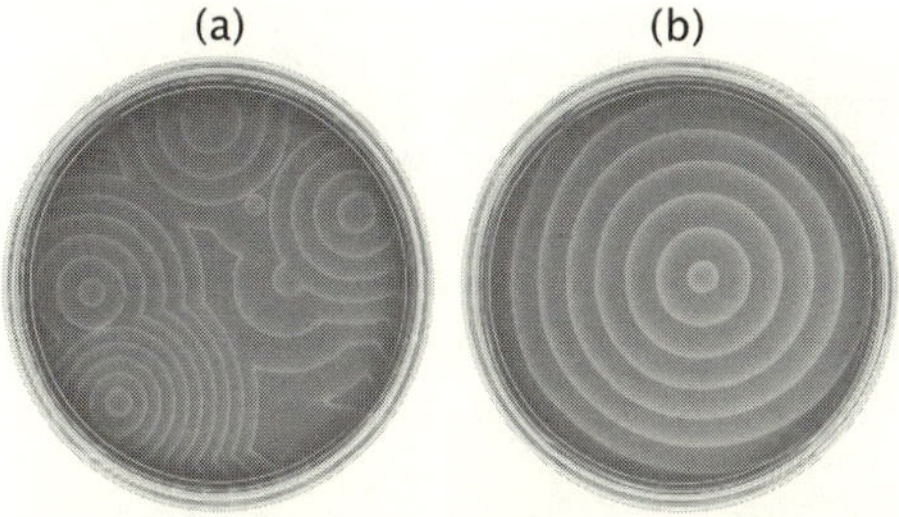

図３－１　BZ 反応における標的パターン。(a)ではいくつかの標的パターンが共存しているが、十分長い時間が経過すると、(b)のように単一の標的パターンが全体を支配するようになる。(原典カラー)

提供：大阪大学　宮崎 淳

化学反応が振動するということ自体が当時としては瞠目《どうもく》に値することだったに違いありませんが、この反応にはもう一つの大きな魅力がありました。それはジャボチンスキーがはじめて見出したのですが、ペトリ皿の中で実験を行うと反応液が不思議な模様を描き、それがゆっくりと成長発展するという事実でした。これは物質の濃淡が織りなす模様で、反応という過程と物質の拡散という過程が協同して作り出す美しいパターンです。後に述べる標的パターン(図３－１参照)やらせん波パターン(図３－２参照)は、すでにジャボチンスキー自身が見出していました。

その後、アーサー・T・ウインフリによる洗練され

「劣化」しない反応系

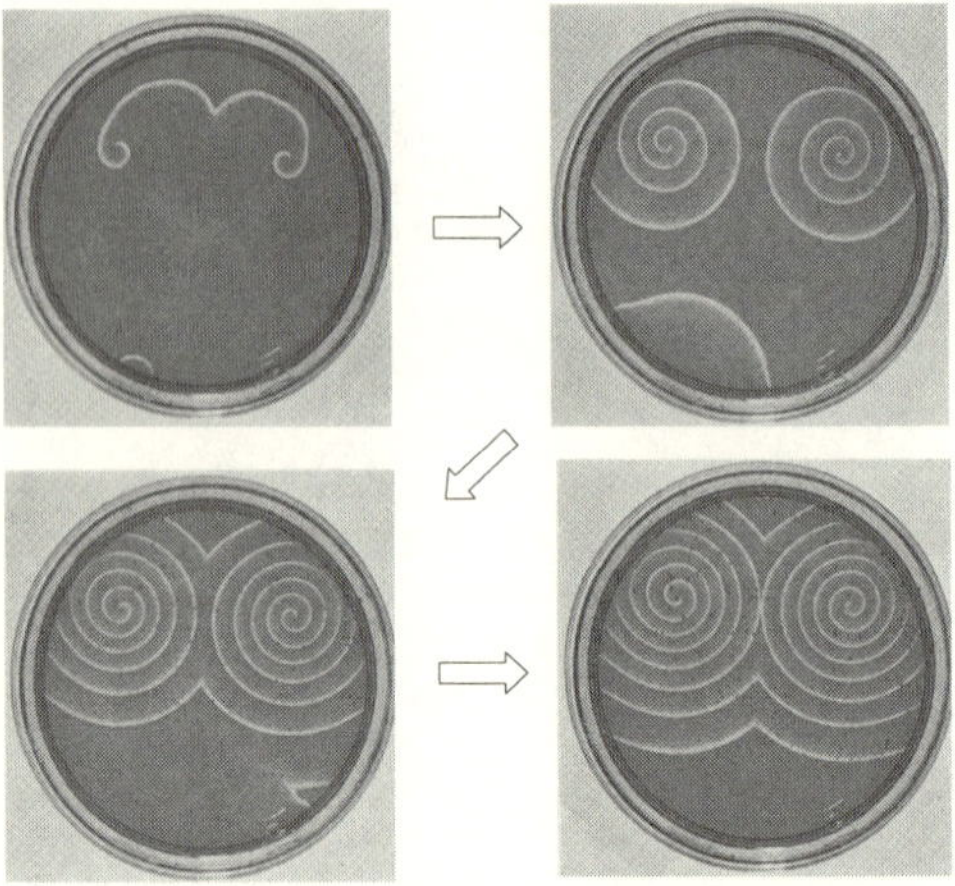

図3―2　BZ 反応におけるらせん波パターンが、時間とともに発展する様子。一対のらせん波が波の端点を中心にして形成される。(A. Winfree Rotating chemical reactions. *Scientific American*. 230, p.82, 1974より　原典カラー)

た見事な実験が、一九七四年に『サイエンティフィック・アメリカン』という科学誌に掲載されたことも大いに効果があって、ＢＺ反応はポピュラーな研究対象としてすっかり定着するようになりました。私自身もウインフリの論文には強いインパクトを受け、その後しばらくはこれらのパターンの理論的説明を試みることが私の最大の関心事でした。ＢＺ反応系やそれに類する反応系のパターンの問題は、それ以後幾多の変遷を経て今日にいたるまで非線形科学のメインテーマの一つであり続けています。これほど息の長いテーマも珍しいでしょう。

レイリー・ベナール対流系が「劣化」することのない開放系であるのに対して、化学反応の場合にはそのままではやがて化学平衡に達してしまいますから、真の開放系ではありません。BZ反応のように、平衡に達するまでに何十回も振動を繰り返すほど長時間にわたって非平衡状態を保てるとしても、化学平衡に近づくにつれてシステムの性質が徐々に変化していくことは避けられないのです。これではレイリー・ベナール対流に比肩しうるような、精密な解析に耐える研究対象にはなりえません。しかし、適当な方法で反応物質を外部から一定速度で注入してやれば、原理的にはいくらでも長い寿命を保つ真正の非平衡開放系ができるでしょう。もちろん、その場合、蓄積する反応生成物や発生する熱が反応過程に影響を与えるならば、それらを適切に処理する必要はあります。

じっさい、何種類かの反応物質からなる混合液をたえず外部から反応槽に流入し、同量の反応液を反応槽から排出し続けるという実験系が、しばしば用いられています。入ってくる新鮮な材料がつねにまんべんなく行き渡るように、反応槽はすみやかに攪拌《かくはん》されます。これによって反応物質の濃度は空間的につねに一様化されてしまいますから、波動パターンを研究することはもちろんできません。しかし、このような開放システムは少なくとも散逸力学系の一つの模範例を与えています。物質濃度の空間変化がありませんから、この力学系の変数の数は反応に関与する物質の種類の数に等しくなります。これは何十という数に上るかもしれません。しかし、この章の終わり近くで述べる「縮約」の考えを適用すれば、システムの振る舞いを実質上決める重要な変数の数は、これよりはるかに少なくてすみます。BZ反応の場合には、わずか二、三個で十分モデル化できることがわかっています。したがって、ローレンツ・モデルのような数個の変数のみを含むいわゆる低次元散逸力学系が、現実のカリカチュアとしてではなくて、十分なリアリティをもって実現されるのです。

反応物質の注入速度は自由に変えられますから、それをレイリー・ベナール対流における上下面間の温度差に似た分岐パラメーターとみなすことができます。非常に速い速度で注入すると、反応槽は反応がまだほとんどはじまっていない新鮮な反応液でいつでも満たされているでしょうし、逆に非常にゆっくりと注入すれば、反応液はほとんど反応し終わった化学平衡に近い状態にあるでしょう。これら両極端はあまり面白い状況ではありませんから、その中間領域に関心が向けられます。

攪拌が必要な前記のようなシステムとは違って、空間パターンをかき乱さず、しかも劣化しない開放系を実現する方法が、一九八八年頃にテキサス大学のグループによって開発されました。そこでは反応物質を「流し込む」のではなくて、じわじわと拡散によって「浸み込ませる」のです。反応自体もポリアクリルアミドという高分子ゲルの層の中で進行させます。レイリー・ベナール対流で、流体の薄い層が下から均一に温められたように、このゲル層の下面から均一に反応物質が浸み込んでくるのです。流動は完全に抑えられていますから、この方法で純粋に化学反応と物質の拡散という二つのメカニズムのからみから生じるパターンを長時間にわたって観察できるのです。

振動のメカニズム

撹拌によって（あるいは撹拌しない場合でも）、物質の濃度が空間的に均一に保たれている場合には、ＢＺ反応は少数自由度の散逸力学系でモデル化できると先に述べました。これはどんな性質をもつ力学系でしょうか。一九七二年に、リチャード・Ｊ・フィールド、エンドレ・ケレス、リチャード・Ｍ・ノイエスの三人は、共同でＢＺ反応の反応機構を明らかにし、これにもとづいていくつかの力学モデルが提案されました。これらのモデルの解析や実験との比較から、およそ次のようなことがわかっています。ＢＺ反応が当初振動する反応系として注目されたように、この力学系は広い条件の下でリミット・サイクル振動を示します。すなわち、閉軌道をアトラクターとしてもつ散逸力学系です。また、条件を少し変えると、自発的な振動は示さないが、それと密接に関係した**興奮性**という性質を示すシステムにもなることができます。物理現象としての興奮がどういうものかは、すぐ後で説明します。振動を示すものを一般に振動子とよびます。興奮性を示すものについては適当な名称がないのですが、以下では、振動子との対比で**興奮子**とよぶことにしましょう。反応物質の流入速度を適当に調節すると、振動や興奮性のみならずカオス現象も現われますが、それについては第五章で述べます。

フィールドらが明らかにした反応過程をたどることで、振動や興奮性が現われる理由をある程度定性的に理解することはできますが、その説明は非常に煩雑になりますので、ここでは省略します。そのかわり、以下では、BZ反応に限らず一般に振動と興奮性がどのような基本的メカニズムによって現われるかについて触れておきたいと思います。ちなみに、振動現象と興奮現象をともに示し、BZ反応系ときわめてよく似た性質をもつ重要な例として神経膜があります。神経膜では、振動や興奮は膜電位（膜の内外の電位差）の変動として観察されます。膜電位という変数が、膜の各種イオン透過性に関係したいくつかの変数と結合して、一つの低次元散逸力学系を作っているのです。

振動現象や興奮現象を示す多くの力学系は、基本的に重要な二つの自由度を含んでいて、それらの間の相互フィードバック機構を備えています。その機構を物体の運動にたとえると、以下のように述べられるでしょう。二つの谷をもつ地形の上を転がる重い球の運動を想像してください（図3—3(a)参照）。球の水平位置がシステムの状態、たとえばある物質の濃度とか、神経膜の場合なら膜電位の値を表わしています。もちろん、これだけだと、球はどちらかの谷に落ち込んで終わりとなり、振動にはなりません。すなわち、球の水平位置を表わす一つの自由

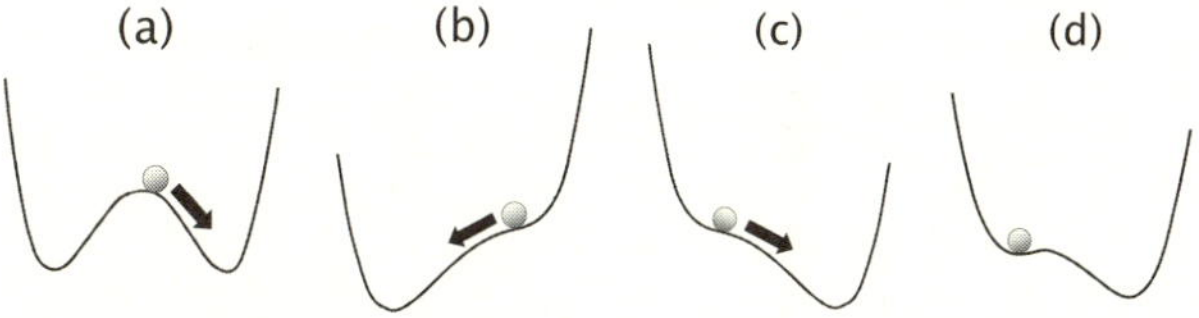

図3―3　「球の運動とともに変形するポテンシャル」との類比によって振動現象と興奮現象が説明できる。
(a)右の谷に向かう球。
(b)右の谷がもちあがることでそこから追い出され、左の谷に向かう球。
(c)左の谷がもちあがることでそこから追い出され、右の谷に向かう球。(b)と(c)は際限なく繰り返され、これが振動現象に対応する。
(d)浅い窪みを残す程度に左の谷がもちあがる場合。球はそこに安定にとどまれるが、弱い外部刺激によってそこからこぼれ落ち、復帰するまでに一過的な大きな状態変動がある。これが興奮現象に対応する。

度だけでは不足で、振動にはどうしてももう一つの自由度が必要です。この第二の自由度は、次のようなルールにしたがって地形を変形させる働きをもっています。すなわち、球の動きに応じて、地形はシーソーのように上下動しつつ変形するのです。一つの谷が下がって深くなればもう一つの谷ははねあがって浅くなるというふうに。ふつうのシーソーなら、たとえば球が右の谷に落ち込もうとすればそれが重みで下がって深くなり、左の谷ははねあがって浅くなると考えるのが自然ですが、このシーソーはその逆で、まるで球がマイナスの質量をもっているかのように、球が谷にやってくるとそれがもちあがり、もう一方の谷が下がって深くなるのです。あまりはねあがりすぎると、谷の窪み自体がなくなりますが、そうならないで浅い窪みが残る場合もあるかもしれません。

まず、窪みがなくなるまではねあがる場合を考えます。最初に、球を中央の山頂の少し右側に静かに置いてみましょう。球は右の谷をめがけて転がりはじめます（図3－3(a)参照）。すると、その谷ははねあがり、その窪みがなくなってしまうので、球は必然的にそこからはじき返されます（図3－3(b)参照）。そして、左の深くなった谷をめがけてまっしぐらに転がっていきます。そうすると、左の谷がはねあがって、その窪みが失われ、そこからもはじき返されます（図3－3(c)参照）。このようにして、球は際限のない往復運動を余儀なくされる、つまり振動を示すというわけです。

球の往復運動は、これら二つの変数を座標軸とする二次元状態空間の中でのリミット・サイクル運動になります。リミット・サイクルはアトラクターですから、球がどんな位置から出発しても最後には同一の往復運動を示すようになるのです。

興奮のメカニズム

興奮現象は振動と密接な関係があると先に述べました。ここで述べた力学運動とのアナロジーを再び用いれば、それは次のような関係です。すなわち、右の谷は窪みがなくなるまではねあがるが、左の谷ははねあがっても浅い窪みが残る、という場合に興奮現象が現われるのです。再び球を山頂の少し右側に静かに置いてみます。球は右の谷をめがけて転がりますが、はじき返され、左の谷をめがけてまっしぐらに走る、というところまでは前と同じです。しかし、今度は左からははじき返されません。左の浅い谷に収まり、図3―3(d)のように、球はそこにかろうじて安定した状態で居座ることができます。

単に安定な定常状態なのに、なぜこれで興奮するシステムとよばれるかというと、それは次の理由によります。今、左の浅い谷にかろうじて収まっている球を軽く右に突いてみます。球はそこから容易にこぼれ落ち、右の深い谷に向かって転がっていくはずです。そして、前と同じ理由でそこからはじき返され、左の浅い谷に収まって終わります。つまり、このようなシステムは最初の軽い一突きが大規模な、しかし一過的な運動を引き起こすのです。この一過的な大規模運動を興奮とよびます。また、浅い谷にきわどく収まっている状態を休止状態とよんでいます。休止状態は一見静かですが、それは活動性を秘めた静けさだといえます。

往復運動を示す振動子でも、興奮子に近い場合、すなわち左の谷にほとんど収まりそうで収まらないという場合には、その振動を「繰り返しの興奮」と表現するほうが適切かもしれません。それは決してなめらかな振動ではありません。一つの興奮から次の興奮までの間、消失した浅い谷がその名残をとどめている付近で球がかなりの時間を過ごすような、はなはだしく歪《ゆが》んだ振動です。BZ反応で見られる振動も広い条件下でこのような性質をもっています。

大脳皮質の複雑な神経回路網を、このような興奮性を示す莫大な数の要素（すなわちニューロン）からなる複雑なネットワークとみなすことができます。一つのニューロンの興奮が、それと結合した多数のニューロンのそれぞれに微弱な刺激を与えます。立場を逆転すれば、個々のニューロンはこのような微弱な信号を多数のニューロンからたえず受け取っているといえます。受け取った刺激の総量が浅い窪みから球を蹴り出すほど強ければ、そのニューロンは興奮します。そのような強い刺激をたえず受け続けているなら、そのニューロンは繰り返しの興奮を示す一個の振動子として振る舞うことになります。この複雑にして膨大なシステムの探究は、間違いなく今世紀の科学の最重要なテーマの一つとなるはずです。

標的パターンと回転らせん波パターン

興奮子は、点火されることを待っているきわめて燃えやすい一本の草に似ています。ただし、この草は特殊な草で、燃やされてもただちに生えてくるという性質をもっています。小さな刺激を受けて一回興奮するということは、点火によってパッと燃え、燃えつきるやいなや新たに草が生えて、元の状態に戻ることに対応しています。この興奮子が振動子になると、それは点火されなくても自然発火する草にたとえられるでしょう。

BZ反応の波動パターンは、浅いガラス皿や薄いゲル層の中に入れた試薬を用いて観察されます。ですから、ほぼ二次元面でのパターンを見ていると考えてさしつかえありません。「燃えやすい特殊な草」のアナロジーを用いると、それはこのような草が一面に生い茂った草原にたとえられるでしょう。

まず草が自然発火しない興奮子である場合を考えます。そこで一本の草に点火してみます。つまり、ある場所に小さな刺激を与えてそこを興奮させるのです。一本の草が燃えはじめると、火は隣接した草にただちに燃え移り、炎の前面は外へ外へと広がっていくでしょう。場がまったく均質なら、炎はほぼ円形に広がっていくでしょう。しかし、この草は燃えてもたちまち生えてくる特殊な草でした。ということは、この円形領域の内部では、すでに草は元通りに生い茂っているということです。燃えつつある、すなわち興奮状態にあるリング状の波がほぼ一定速度で広がっていくわけです。

波紋が広がるようなこうした現象は、じっさいにBZ反応で観察されています。したがって、ある場所を一回きりではなく、繰り返し一定の時間間隔で刺激すると、円形波が次々と等間隔で発生するということになります。これはBZ反応系で見られる同心円状の標的パターン（図3―1、95ページ参照）に似ています。

では、BZ反応では、ある場所を人為的に刺激し続けているのでしょうか。そうではありません。「ある場所」を占めているのが、興奮子ではなくて振動子になっているのです。つまり、そこだけは自然発火する草が生えているのです。興奮子は少し条件を変えると振動子に化けることを右に述べました。BZ反応の場合には、試薬中に微小な不純物粒子が混在することがしばしばあって、その近くの興奮子の性質を少し変えて振動子にしているのです。ガラス皿の底に小さな傷があっても、同様のことが起こりえます。ですから、人為的に刺激し続けなくても、そこでは自己刺激が一定周期で繰り返し起こっていることになります。これによって、同じ周期で波がそこから送り出されます。したがって、中心から離れた任意の場所でも、最初の波が到達する瞬間から、中心と同じペースで興奮を繰り返すことになります。あるいは、次の章で詳しく述べる同期という言葉を使うなら、中心の振動子はシステムを自分の振動数に同期させる、といえます。このことから、このような振動子をペースメーカー（歩調取り）とよんでいます。取るに足りないようなわずかな不純物やノイズも、非線形システムでは思わぬ効果を生みます。これはその一つの例といえるでしょう。

図3－1(a)に見るように、標的パターンは一般にいろいろな場所から発生します。不純物粒子にもさまざまなものがあるでしょうから、ペースメーカーの振動数もいろいろです。速く振動するペースメーカーの場合には、標的パターンの円形波の間隔は短くなり、ゆっくりしたペースなら、間延びした標的パターンになるでしょう。複数の標的パターンが成長してくると、必然的に波と波の衝突が起こります。二つの波が衝突する端から消えていくことは、燃える草のアナロジーから明らかでしょう。線形システムなら、波と波が重なれば、1プラス1が2になるように、波の振幅は両者の和になりますが、BZ反応のような非線形システムでは、この

ように1プラス1が0になってしまうことがあるのです。

間延びした標的パターンと密な標的パターンが衝突したとき、最終的には、パターンはどうなるでしょうか。少し考えてみれば、次のことはすぐにわかります。すなわち、すべての波が一定の速さで進むとすれば（そう考えてもほぼ間違いありませんが）、速いペースメーカーによる標的パターンが波の衝突ごとに少しずつ遅いペースメーカーの標的領域を侵食し、ついには後者を「食いつくして」前者だけが残るはずです。標的パターンが最初にいくつあっても、いちばん早いペースメーカーをもつ標的パターンが、最後は全体を支配することも明らかでしょう。図3―1(b)はこのようにして全体を支配するにいたった標的パターンです。

すでに述べたように、BZ反応では、回転するらせん波パターンという、渦巻き状に発展する波動パターンも現われます（図3―2、96ページ参照）。ちょうど、渦巻き状の蚊取り線香を中心軸のまわりに回転させたようなパターンです。どの渦巻きパターンも、中心から波が湧き出るような向きに回転しています。もし、逆回転させたなら、波は中心に吸い込まれるように見えるでしょう。最近になって、後者のような回転らせん波が少し違った状況下で行われたBZ反応で見出されました。

標的パターンとは違って、らせん波パターンは不純物粒子のようなものがなくても存在できます。その発生機構を本格的に述べるのは本書の範囲を超えますので、以下ではやや表面的な説明にとどめたいと思います。まず、注意すべきことは、このパターンは物質濃度が均一な状態から、ひとりでに生じるわけではないということです。それを発生させるには、いくつかのやり方がありますが、簡単なのは次の方法でしょう。まず、前にも述べたように、システム全体が休止状態にあるとき、ある場所を軽く刺激すると、一つの円形波が発生して広がっていきます。その円形波の一部を「潰して」消すのです。つまり、何らかの方法で、興奮状態にある円形波の一部を強制的に静止状態にもっていくのです。実際には容器を軽く揺するなどして溶液に適当な流動を与えれば、これが可能です。ともかく、このようにして、一部が欠けた円形波ができます。これを一本の紐と見ると、それは一対の端点をもっています。一般に端点をもつ一本の興奮波からは、それぞれの端点を中心にして自動的にらせん波パターンが成長します。図3－2には、そのようにして発生させた一対のらせん波パターンが示されています。

なぜ、端点かららせん波が成長するかが図3－4に示されていますが、これを簡単に説明しましょう。まず、端点自体はほとんど動かないという観測事実を認めましょう。実際にはそれはごく小さな円を描いて回転するのですが、そのことは後で述べることにして、まず簡単のために、端点はピン止めされているとしましょう。しかし、この興奮波の「紐」は端点でぷつんと不連続的に切れているのではないということに注意します。端点のごく近くでは、ふつうの興奮波と違って波の高さが小さくなっているはずです。それがゼロすなわち休止状態になるの

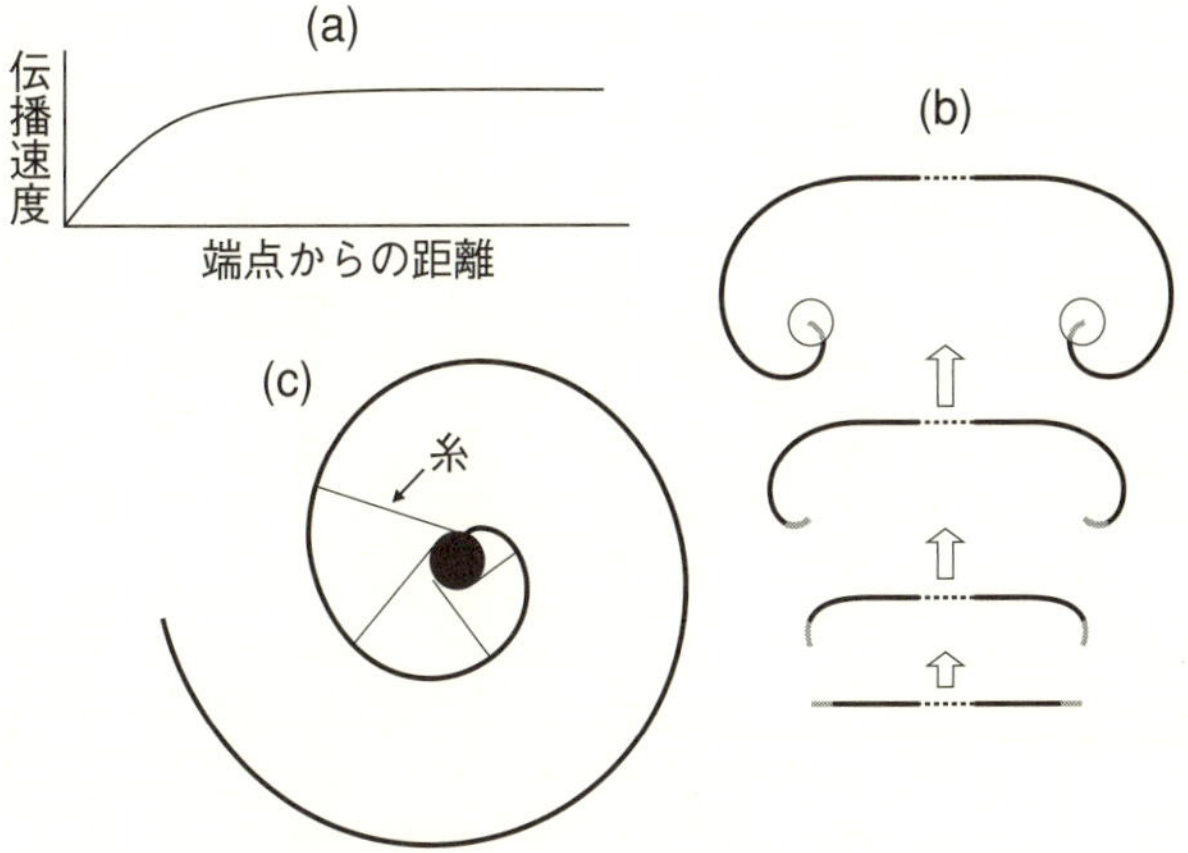

図３－４　らせん波形成の簡単な数理モデル

(a)興奮波の「紐」の伝播速度が、紐の端点の近くでは端点からの距離に比例して増大し、ある距離以上では一定とする。

(b)このルールにしたがう紐の運動。端点を中心にして紐はらせん状に巻いていく。矢印は時間の向きを示す。

(c)固定された糸巻き（黒い円）に巻きつけた糸の端を、糸がたるまないように引っ張りながらほどいていったとき、糸の端点が描く曲線。これは円の伸開線とよばれる曲線である。(b)における紐の形状は、端点付近を除いて最終的に円の伸開線に一致する。

が端点だとみなすことにします。波高が小さくなっている紐の部分では、波面の進行速度も小さくなります。端点で進行速度はゼロとします。そこから離れるにつれて急速に速くなり、ふつうの興奮波がもつ、ある一定の進行速度になります。このように、端点にごく近い部分のみで、この紐はふつうの興奮波とは違った性質をもっているのですが、それ以外の大部分はふつうの興奮波とみなしてさしつかえありません。紐に沿ってこのように変化する進行速度を考慮して、紐の動きを追ってみたのが図3―4です。すぐわかるように、端点付近が足踏みするために、端点を中心にして必然的に紐が渦巻き状に巻きはじめます。これが進行して見事な渦巻きパターンに成長するのです。波面は外側に伝播し、一対の渦巻きパターンは互いに逆まわりに回転しています。

先ほど、興奮波の端点は実際には完全にピン止めされているのではなく、小さな円を描いて回転しているといいました。「端点」を少し別の意味に解釈すると、この事実が図3―4(b)からわかります。つまり、端点のごく近くの紐の部分は、興奮波とはいえないほど波高が小さいので、実際には波としては見えていないと考えられます。したがって、図3―4(b)でいえば、進行速度がふつうの興奮波とは異なる端点付近では、紐はほぼ消えているとみなされます。その結果、「目に見える」端点は小さな円に沿って回転しているという、観測事実とつじつまの合う結果が得られます。

実験で観測されるらせん波パターンは、幾何学で「**円の伸開線**」とよばれる曲線によってよく表わされることが知られています。円の伸開線とは、次のような操作で簡単に描ける曲線です。図3―4(c)のように、固定された糸巻きに巻きつけた糸の端を、糸がたるまないように引っぱりながらほどいていきます。このとき、糸の端点が描く渦巻き状の曲線が伸開線です。この渦巻きパターンの全体を、その形を変えないで糸巻きの中心軸まわりに一定の速度で適当な方向に回転させると、曲線のすべての部分が同じ速度で外向きに進行することが多少の幾何学的な考察からわかります。この曲線を興奮波とみなすと、これは興奮波が一定の進行速度をもつということと完全につじつまが合っています。したがって、図3－4(a)に示したルールで発展させた紐も、「目に見える部分」は進行速度が一定ですから、円の伸開線になるはずです。糸巻きの内部に伸開線は入ることができません。これは図3－4(b)に示す円の内部に波が存在しないということに対応しています。

二因子系の振動

先ほど、二つの自由度の間の相互フィードバックから、振動と興奮という現象が生じる理由を説明しました。たしかに、BZ反応や神経膜の振動・興奮はそのような機構でほぼ理解できるのですが、振動現象だけについていいますと、それとは少し違ったメカニズムで振動の原因を説明するほうがより適当と思われる現象例も少なくありません。その場合もやはり二つの自由度の間の相互フィードバックから振動が生じるという点では前者と変わらないのですが、ポテンシャルの二つの谷の間の往復運動というのとは少し違います。これを説明するために、以下では、イメージしやすいように、捕食者と被捕食者（えじき）からなる仮想的な生態系に即して話を進めましょう。実際の生態系では、食物連鎖の複雑なネットワークがあって、多くの種が登場するでしょう。しかし、ここでは、ただ一種の捕食者とただ一種の被捕食者からなる仮想世界を考えます。

被捕食者は捕食者がいなければ、ねずみ算的に自己増殖するでしょう。化学反応でも、自己触媒反応によって加速度的に量を増やす物質は、似たような性質をもっています。ふつうの触媒は化学反応を促進するだけがその役割で、自らは化学変化しないのですが、自己触媒反応では、生成される物質自体が同時にその反応過程を促進するような物質なので、増えればますます増えやすくなるのです。このような正のフィードバックのみでは、システムは破綻するだろうとプロローグに述べました。生態系では、餌を食べてくれる捕食者がいてこそ全体が安定化します。ところが、捕食者が餌を食べすぎて餌が底をつくと、自分の命を保てません。だから両者は共存共栄する必要があり、うまくいっている場合は両者が一定量を保って均衡しています。被捕食者にとっては、増殖すべき量だけをちょうど食べてくれる数の捕食者がおり、捕食者にとっては、自分たちの数をちょうど維持するに足る餌がある、というのが均衡状態です。しかし、このような共生状態は、はたして安定かどうかが問題です。

今、ゆらぎのために、被捕食者の数がこの平衡値よりわずかに増えたとしましょう。このようなゆらぎは現実世界にはいつでも存在します。捕食者にとっては、このゆらぎで餌が少し増えたわけですから、生存環境がやや改善されて、その個体数も少しばかり増えるでしょう。しかし、これは餌にとっては以前よりもたくさん食われることを意味しますから、ゆらぎで増えた分を減殺することになり、均衡状態に向けて押し戻されます。すると、捕食者にとっても、生存環境が元通りになるわけですから、もはやその数を平衡値以上に保つ理由はなくなります。このようにして、両者が再び均衡して安定に共生できることになります。

しかし、つねにこのような結果になるとは限りません。再び、被捕食者の数がゆらぎによって平衡値を少し超えたとしましょう。被捕食者は増えればますます増えやすくなるという自己増殖の性質をもっていました。したがって、捕食者が餌の増大にすぐ反応してその数を増やし、餌の増大を抑えるなら、前記のように均衡状態に戻れますが、ゆっくりとしか反応できない場合には抑制が手遅れになって、次のようなことになるでしょう。すなわち、餌が大増殖した頃に、ようやく捕食者はそれにブレーキを掛けられるくらいの数に達します。そこでようやく餌の数はピークを迎え、減少に転じるでしょう。反応の鈍い捕食者は、その数をなおしばらく増やし続け、餌のピーク時から一定の時間遅れてピークを迎えます。その頃には餌の数は平衡点近くまで押し戻されているかもしれません。そうすると、その状況でまだ大きな抑制力が働いているわけですから、餌の数は平衡値よりさらに減少してしまいます。これは餌の減少のしすぎですが、これを調整すべき捕食者の働きがまたまた遅れて発動するので、餌は再び平衡値を超えて増殖します。このように、負のフィードバックが後手後手にまわるために、たえず「行きすぎ」が生じ、均衡状態が不安定になり、そのまわりで振動が生じるのです。平衡状態が安定か不安定かは、システムに含まれるパラメーターの値によります。パラメーターの変化によって定常状態が不安定化し振動状態が現われる現象は、第二章で述べたホップ分岐です。

生態系に限らず、自己増殖的な自由度とそれを抑制する傾向をもつ自由度の相互フィードバックの機構を内包したシステムは、自然界に広く存在し、化学反応系にも見られます。一般に、自己増殖的な自由度を**活性化因子**とよび、抑制作用をもつ自由度を**抑制因子**とよびます。BZ反応は振動子または興奮子からなる反応拡散系でしたが、これらの要素を活性化因子と抑制因子からなる二因子系で置き換えたような反応拡散系も、現実に存在します。それはどんな振る舞いを見せるでしょうか。

チューリング・パターン

右に述べたような二因子系が振動状態にあるなら、そのような振動子が空間的に分布した反応拡散系はBZ反応系と同じく振動する反応拡散系となり、標的パターンやらせん波パターンが現われるでしょう。以下で興味があるのは、むしろ振動しない安定な定常状態をもつ二因子系が分布した反応拡散系の振る舞いです。

興奮子や振動子を一本の草とみなすと、そのような要素からなる反応拡散系は草原にたとえられたように、二因子系からなる反応拡散系は二因子力学系という要素が空間的にくまなくびっしりと分布した場であるとみなされます。今、おのおのの二因子力学系が安定な定常状態に休んでいるとします。二因子系はすべて同一と考えていますから、これは空間的に一様な定常状態です。互いに近接する二因子系が何の影響も及ぼしあわないなら、この一様な定常状態はもちろん安定です。しかし、実際には近接する二因子系の間には、相互作用があります。それは活性化因子と抑制因子がともに拡散する物質だからです。拡散は空間的な不均一性があれば、それを均一化する働きがあります。ところが、今考えている状態はすでに空間的に一様ですから、拡散の効果があれば、それがいっそう安定化することはあっても、逆にそれが不安定化し不均一になるとは考えにくいでしょう。

しかし、ここに盲点があります。均一な状態は拡散の効果によってかえって不安定化し、不均一なパターンが生じうるのです。これは「拡散に誘導された不安定性」または「**チューリング不安定性**」とよばれている現象です。チューリング・マシンやチューリング・テストで知られた天才数学者アラン・チューリングが、一九五二年にその可能性をはじめて数学の言葉で明確に示したことからそうよばれています。

一見常識に反するチューリング不安定性がなぜ起こるかを理解したいのですが、それには「活性化物質と抑制物質の拡散の速さは一般に異なる」ということを考慮する必要があります。

活性化物質の拡散が非常に遅く、抑制物質の拡散が非常に速い場合にチューリング不安定性が起こります。右のような空間的に均一な定常状態から出発したとして、ある場所を占める二因子系の活性化物質の濃度が、ゆらぎによって定常値よりわずかに増加したとします。まわりと相互作用しない独立した安定な二因子系ならば、ただちに抑制物質が生成されてこの増加分を抑えにかかり、システムは元の定常状態に復帰するということを前に述べました。しかし、拡散があるとそうはいかないのです。活性化物質の増加に誘導されてその場所に生成されるべき抑制物質は、速い拡散によってただちに周囲に流れ出てしまうからです。したがって、当の場所での抑制が十分に利かず、活性化物質の増殖は続きます。一方、抑制物質が流れ出た周辺領域では、活性化物質の濃度がもともと定常値にあったわけですから、過剰な抑制が利いてしまうことになります。その結果、そこでは活性化物質の濃度が定常値以下に押し下げられてしまいます。同様のメカニズムの連鎖によって次々に不安定性が周囲に広がっていき、濃淡の縞模様へと成長していくのです。これは**チューリング・パターン**とよばれます。BZ反応系での伝播する波とは違って、チューリング・パターンは静止したパターンです。

チューリング・パターンを示す化学反応系は、期待されながらも久しく実現されませんでした。その理由の一つは、現実の反応拡散系では特定の反応物質に着目して、その拡散の速さを変化させるということが難しいからです。チューリングの理論から四〇年近くも経った一九九〇年に、ようやくフランスの研究グループによってこのパターンは実験室で実現されました。図3—5には、類似の、しかしさらに洗練された実験の結果が示されています。

キリンやシマウマや貝殻などを見ると、その表面に自然が描いた美しい模様は、チューリング・パターンと関係があるのではないかと思いたくなります。じっさい、一九九五年に理化学研究所の近藤滋氏らは、ある種の熱帯魚に見られる縞模様がチューリングの機構にもとづいて説明できることを示しました。チューリング機構に加えて、縞の方向を決める機構や動物の成長とともに模様が変化する機構を説得的に示したことが、そこでは重要だったと思われます。多くの動物に見られる体表の縞模様が、同様のメカニズムで説明できれば大変面白いことです。

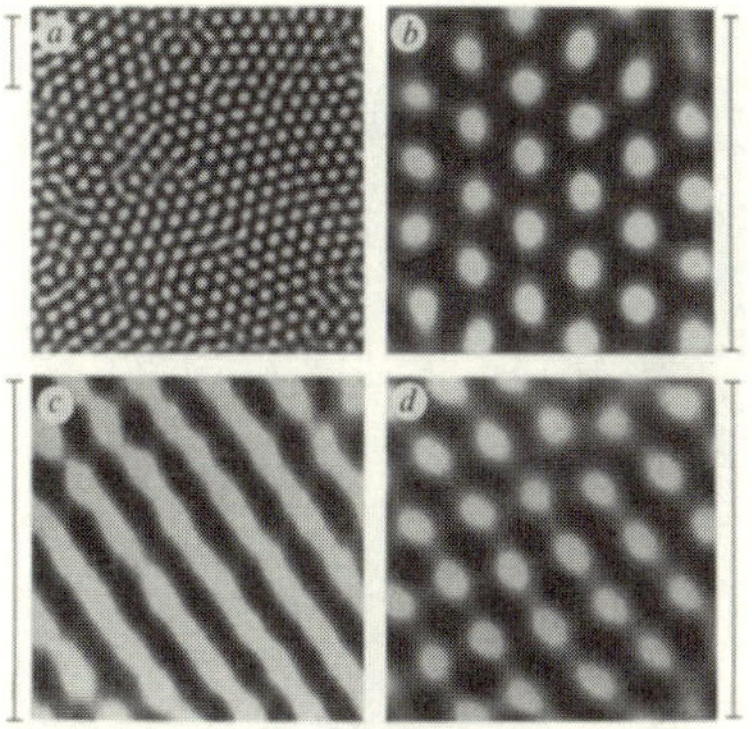

図3—5　CIMA 反応系とよばれる化学反応系で見出されたチューリング・パターン。実験条件によって、いくつかの異なった濃度パターンが見られる。図中の縦棒は、1mmの長さを表わす。(Q.Ouyang,H.L.Swinney: Transition from a uniform state to hexagonal and striped Turing patterns. *Nature* 352, p.610, 1991より)

チューリングが一九五二年に理論を提唱した背景には、彼がもっていた根本的な疑問、すなわち、「まん丸く均一な受精卵のように、どこから見ても対称なものがなぜ非対称な形に変化しうるのだろうか」という疑問がありました。今風な言葉でいえば、「対称性の自発的破れ」のメカニズムは何かという問題です。チューリングの不安定性は、対称性の自発的破れ現象の一種です。この場合、対称性の破れとは具体的に何を指すかをわかりやすくするため、反応拡散系を考えるかわりに、二つの箱をそれぞれ同じ性質をもつ二因子系で満たし、箱から箱へと物質が拡散できるシステムを考えます。この場合、右に述べたのと同様のメカニズムによって、二つの箱の間に状態の不平等性が生じます。右の箱が状態Aなら左の箱は状態Bである、というように。しかし、二つの箱はもともと同じ性質をもつものですから、右の箱が状態Bで左の箱が状態Aという事態もまた同等の実現資格をもつはずです。現実には、これら二つの同等であるべき事態の一方が選ばれるわけです。したがって、これは対称性をシステム自らが破る現象だといえるのです。

対称性の自発的破れ

システムが元来備えている対称性を破るような状態が出現するという現象は、ミクロ、マクロを問わず普遍的に現われ、私たちの自然観にも深い影響を与えています。対称性が破れる最も卑近な例として、前章にも述べた座屈が挙げられます。プラスチックの物差しを片方の掌に垂直に立て、他方の掌で上から軽く押さえてみます。そして、物差しに徐々に圧力を加えていきます。ある程度圧力がかかったところで、まっすぐだった物差しは突如曲がるでしょう。物差しの両面のどちら側に曲がるか、可能性は二つありますが、わずかな条件の違いで逆の結果になるでしょう。

対称性の自発的破れが広く見られる現象は相転移です。温度を下げていきますと、一般に液体は結晶化します。ところが、結晶には結晶軸というものがありますから、結晶状態は特定の方向性をもつ状態です。通常の液体には、このような方向性はありません。ある結晶軸は四方八方どの方向に現われる可能性も等しくあったはずです。プラスチックの物差しがどちら側にも曲がる可能性が等しくあったのと同様です。物理法則の段階では、異なる方向はまったく同等で、そういう意味で対称性を備えたシステムなのですが、現実の状態としては、一つの方向が選択された非対称な状態が実現するのです。法則が非対称なら結果は当然非対称ですが、法則は対称なのに結果が非対称になるということが重要なのです。

高エネルギー物理学でも、対称性の自発的破れは最も重要な概念の一つです。第一章でも見たように、私たちは低エネルギーの世界に住んでいるので、物の多様性を享受できます。宇宙創造時のような超高エネルギー状態で存在していた完全な対称性を、物質が次々に失っていった結果がこの世界の多様性です。

散逸構造の世界もまた、さまざまな対称性の破れが生起する世界です。チューリングの不安定性はその一つですし、ホップ分岐による振動の発生も対称性の自発的破れなのです。振動の発生がなぜそうなのかというと、ホップ分岐を示す散逸力学系では、状態変化を支配するルールそのものは時間に無関係だということにまず注意する必要があります。したがって、時間の原点をどこに選ぼうと、方程式自体の形は変わりません。しかし、支配法則がもっているそのような対称性は振動状態では失われています。なぜなら、一つの振動パターンは特定の瞬間瞬間にピークをもち、それらの時刻は時間の原点をどう選ぶかで異なるからです。

発展方程式の縮約について

この章で述べてきたようなパターン形成現象や次章で述べるリズム現象を研究するために非線形科学の理論家たちが用いてきた一つの不可欠な理論的手段があります。それが**縮約**とよばれる考え方にもとづく方法です。非線形現象の科学では、運動法則というものがあらゆる理論の基礎になるということは前章で述べた通りですが、流体力学の方程式にせよ、化学反応と拡散過程がからんだ方程式（反応拡散方程式）にせよ、これら非線形な運動方程式をまともに扱うことは一般にきわめて困難です。そこで縮約という考え方が出てくるのです。

縮約とは、ある方針にしたがって非線形の発展方程式を扱いやすい形に変形することです。本質的な情報は失われないように注意しながら、運動法則をできるだけ単純な形に切り詰めるのです。これがうまくいくと、大変見通しがよくなり、現象への理解を格段に深めることができます。具体的には、システムに含まれる多数の自由度の中から特に重要と考えられる少数の自由度だけを選び出し、それのみによってシステムの振る舞いをうまく記述するという工夫がなされます。これが縮約の最も重要なポイントです。縮約の考え方は流れ現象であろうと化学反応であろうと、その他何であろうと、扱う対象の如何を問わず広く適用できますが、以下では化学反応に即してその意味するところを述べましょう。

話を簡単にするため、物質濃度が空間的に均一な場合を考えます。その場合でも、たとえばBZ反応では何十種類もの化学物質が反応に関与するのですが、そのうちのわずか二つの自由度を考えることで、かなり正確にシステムの振る舞いを記述できると前に述べました。それはまさに縮約の考えを適用した結果です。自由度を減らすことができる理由は、次のように述べられるでしょう。化学物質の量を表わす濃度変数は、物質によってそれぞれ違った速さで変化しますが、BZ反応の場合、特にそれがゆっくり変化する物質が二種類あり、それ以外の物質は速く変化します。このゆっくり変化する二つの量が、システムの振る舞いを支配するのです。もちろん、速く変化する変数の値をすべてゼロと置いて「無視」するわけではなく、「消去」するのです。つまり、速く変化する量はゆっくり変化する量の動きによって、その動きが完全に規定されるために、もはや独立した変数でなくなるわけです。

これはあたかも一つのビー玉を入れたお椀をゆっくり水平に動かした場合に似ています。お椀が静止していれば、ビー玉はもちろんすぐにお椀の底に落ち着きますが、お椀を非常にゆっくり動かしても、やはりビー玉はお椀の底にほぼ居座り続けます。しかし、お椀を速く動かすとビー玉はお椀の動きについていけず、独自の運動を行います。つまり、お椀の運動が非常にゆっくりであるためビー玉の運動に自由度がなくなり、完全にお椀の運動によって規定される状況がBZ反応における状況に対応しています。システムの自由度が実質的に減少するこのような機構を、ヘルマン・ハーケンは**隷属原理**とよびました。

残念ながら、右のような状況がつねに成り立つわけではありません。すなわち、縮約はいつでも適用できる方法ではありません。しかし、これが適用できるような状況はシステムの状態が不安定化する前後、すなわち分岐点の近くで一般に実現します。システムの安定性がまさに失われようとしている状況を考えてみますと、そこでは自由度のすべてが不安定化するわけではは決してなく、一つないしせいぜい二つの自由度が不安定化するにすぎません。自由度の一つでも不安定になれば、元の状態はもはや保てないのです。空間的に一様な二因子系の場がチューリングの機構によって不安定化して不均一なパターンが生じるときも、定常状態が不安定化して振動が発生するときも、このことがいえます。ところが、まさに不安定化しつつある特定の自由度は、きわめてゆっくりとした変化速度をもつはずです。それが減衰すべきか成長すべきか、その境目にあるのが、まさに安定・不安定を分かつ臨界状況だからです。臨界状況にごく近い状況では、この自由度は減衰するにしても成長するにしても、きわめてゆるやかに変化するはずです。そうすると、右に述べた理由によって、この特別の自由度は速く変化する他の多くの自由度を「隷属」させ、システムの振る舞いを支配することになるのです。これによって、発展方程式は驚くほど単純な形に圧縮されます。このように単純化された発展方程式を、「縮約方程式」とよびます。

分岐点の近くでこのようにして得られた縮約方程式は、もともとの発展方程式と比べるとはるかに解析しやすいのは確かですが、一つの疑問が湧きます。すなわち、「そのような特殊な状況でしか成り立たない理論では、あまり実際の役に立たないのではないか」と。それはもっともな疑問です。しかし、前章の終わりのほうで述べた「構造安定性」という考え方をここで思い出しましょう。システムの振る舞いは一般に分岐点を境にして質的に変化するのですが、分岐点から離れても次の分岐が起こるまでは、つまり同じ構造安定領域に属する限り、その「質」自体は保たれます。たとえば、水は冷たかったり温かかったりしますが、同じH_2Oでも氷とはまったく性質を異にします。温度という量的なものに着目すれば、同じ水でもいろいろ違いはありますが、流動性という性質に関しては固体とは明確に区別され、それは氷点の近くであろうと熱いお湯であろうと変わりないのです。このように、ある構造安定領域に入るやいなや、その領域を特徴づける重要な性質を、システムはただちに獲得するのです。縮約方程式は、その構造安定領域全体を特徴づける基本的な性質を、すでにもっているのです。複雑現象の世界を理解するのは、量的な差異よりも質的な差異にまず関心を向ける必要があります。その立場に立つ限り、分岐点の近くで得られた縮約方程式の射程は意外に長いのです。

縮約方程式に関して重要なもう一つの事実は、それがきわめて普遍的な形をもっているということです。たとえば、定常状態が不安定化して振動が発生するという状況は、化学反応であろうと流動現象であろうと、電気回路であろうとレーザーであろうと、千差万別のシステムで起こりうることですが、そこで得られる縮約方程式は同一の形をもっています。そして、そのような方程式で記述されるリミット・サイクル振動子は、円形の安定な軌道をもち、どんな初期状態から出発しても、ごく単純な法則にしたがってこの軌道に限りなく近づき、やがてその上を等速で回転するようになるのです。振動がまさに発生しつつあるあらゆるシステムは、すべてこのような単純きわまりないリミット・サイクル振動子に帰着します。そして、再び構造安定の考え方を適用するなら、このような単純な振動子の集合体の振る舞いを調べることで、一般に分岐点から離れたさまざまなリズム現象に共通する基本的特徴を引き出すことができるのです。それについては、次章で具体的に見ていきたいと思います。

第四章　リズムと同期

空海の『声字《しょうじ》実相《じっそう》義《ぎ》』という書物の中に「五大にみな響きあり」という言葉があるそうです。中村雄二郎氏は、これを「すべてはリズムであり、すべては響きである」の意味に解釈して、私たちの生にとって、リズムや同期がいかに根源的な重要性をもっているかについて述べています。これほど身近で重要なものでありながら、科学としてのリズム現象は近年までごく未発達でした。非線形科学の展開とともにこの閉塞状況は打ち破られ、今では生物学、脳科学、医学、工学などのさまざまな分野でリズムと同期の理論は不可欠のものになりつつあります。以下では、リズムと同期現象のさまざまな例を紹介しながら、それらを理解するためのごく基本的な考え方を述べたいと思います。

どこにでもあるリズムと同期

規則的に繰り返される現象を、以下ではリズム現象とよぶことにしましょう。第一章では、ししおどしを最も単純な例に挙げながら、エネルギーの流れの中に置かれた開放系が持続的なリズムを生み出すことを述べました。続く二つの章では、リズム現象を散逸力学系の立場から眺めました。特に、リズムの発生はホップ分岐とよばれ、それを記述する一般理論が存在すること、そして、振動するベルーソフ・ジャボチンスキー反応に見られるような開放系におけるリズムは、リミット・サイクル振動とよばれる振動であることを見てきました。リミット・サイクル振動は、ふつうの振り子と違って、勝手な振幅では振動できません。それは、どんな初期状態から出発しても最終的に同一の振動状態に引き寄せられるアトラクターとしての振動でした。さらに、二つの自由度の相互フィードバックからリズムが生まれる、普遍的なメカニズムがあることを示しました。

リズム現象というものを広く解釈しますと、私たちの身のまわりには、実にさまざまなリズムがあることに気づきます。四季の移り変わりや潮の干満、昼夜のサイクル、海岸に打ち寄せる波のリズムなどの自然のリズム。呼吸や心拍、規則正しく発声するカエルやコオロギなど生命のリズム。太古から、人間はこれらのリズムとともに生きてきました。そして、時計や、モーターや、コンピュータの中の高周波のリズムなど、文明が生み出した数々のリズムもあります。このように、同じリズムといっても地球の公転や自転の周期性から来るものもあれば、機械装置の力学的振動、電子回路の発振によるもの、細胞膜や生化学反応における振動、さらには未知の生命過程に由来するものなどもあって、その原因の多様さはとても語りつくせるものではありません。

リズムの発生機構をそれぞれのケースについて詳しく研究することは、もちろん重要なことです。BZ反応に関するフィールドらのモデルや、ヤリイカの巨大神経の興奮現象を記述するホジキン・ハックスリーの微分方程式モデルは、具体的な対象を深く探究することによって構築された現実的なモデルの代表例です。これらの研究によって、それぞれの対象におけるリズムの発生機構は、あますところなく明らかにされました。このような優れた研究を模範にして、さまざまな非線形システムにおけるリズムの由来とその性質を散逸力学系モデルの立場から理解しようとする多くの研究が現われました。

しかし、先ほど思いつくままに列挙した現実界のリズム現象のいくつかからも想像されるように、たとえばリズミカルなコオロギの鳴き声というもの一つをとっても、実体を正しく反映した力学モデルによるアプローチというものがおよそ成り立ちそうもない、あるいは場違いに見える場合も少なくありません。むしろ、現実のリズム現象としてはそうしたケースのほうがはるかに多いかもしれません。では、そのような、力学モデルによるアプローチが難しい場合には、リズム現象の科学は一歩もその先に進めないのでしょうか。決してそうではないというところに、非線形科学の面白さがあります。この章で述べるように、リズムの発生機構がわからないならわからないなりに、その先にある高次の自己組織化現象に取り組めるのが非線形科学の魅力の一つです。ここでいう高次の自己組織化現象とは、単一のリズムではなく、リズムとリズムとが互いに影響しあうことから生じる、もう一段上のレベルの自己組織化現象、創発現象という意味です。

リズムとリズムが出会うと何が起きるのでしょうか。最も重要なのは**同期**という現象です。

英語ではシンクロナイゼーション、これを日本流に縮めてシンクロともいいます。**引き込み現象**という言葉も同様の意味で用いられます。こちらはエントレインメントの和訳で、もともと「汽車に乗せて運んでいく」といった意味でしょうか。ともかく、この重要な現象の意味について まず説明しましょう。

リズムはそれぞれ固有の周期をもっています。ですから、二つのリズムがあって、それらが互いに異なる固有周期でリズムを刻めば、一般に歩調関係は乱れて、ばらばらになります。固有周期の違いがどんなに小さくても、それが完全にゼロでない限り、時間が十分経てば必ず互いのタイミングは大きくずれます。ところが、二つのリズムが相互作用すると、周期がピタリと一致して歩調関係は少しも乱れない、ということが起こるのです。これが同期現象または引き込み現象の意味です。もちろん、つねにこうなるとは限りません。周期の違いが大きければ、それに見あうだけの相互作用の強さが必要です。しかし、同期状態では、リズムが互いに相手の行動を知っているかのように振る舞い、これがしばしば微弱な相互作用で起こるので、とりわけ人々の好奇心を刺激するのです。

振り子時計と概日リズム

同期現象の科学の起源を語るときに必ず登場する人物が、クリスチアン・ホイヘンスです。

ホイヘンスはニュートンと同時代、すなわち一七世紀オランダの偉大な科学者で、光の波動説にもとづく「ホイヘンスの原理」は高校の教科書にも出てきます。また、高精度に磨いたレンズによる自作の望遠鏡で、土星の環を発見しています。同期現象は、彼のもう一つの偉大な業績である振り子時計の発明に関係しています。彼が製作した振り子時計は、三時間に一秒程度の狂いという、当時としては非常に高性能のものだったと伝えられます。一六六五年のある日、ホイヘンスが部屋の壁に並べて掛けてある自作の二つの時計を眺めているとき、それらが示す奇妙な振る舞いにふと気づいて、大いに驚きました。二つの時計がまるで互いに示しあわせたかのように、いつまでも歩調を揃えてリズムを刻むのです。一方の振り子が右に振れるとき他方は必ず左に振れる。いかに狂いの小さい時計とはいえ、数時間もすれば振れの相互のタイミングは相当乱れてもよさそうなのに、まったくずれは生じません。それどころか、わざと振れのタイミングを乱しても、しばらく放置すると歩調は揃ってくるのです。しかし、一方の時計を一五フィート離れた部屋の反対側の壁に取り付けると、このような現象は生じませんでした。このことからホイヘンスは、歩調の一致の原因は壁を通して二つの時計の間にごく弱い相互作用が働いているためではないかと考えました。それはきっと正しかったのですが、相互作用がなぜこのような結果を生むのか、その因果関係をそれ以上明らかにすることはできませんでした。

第一章で見たように、ホイヘンス型の振り子時計は、外部からエネルギーの供給を受け続け、エントロピーを生成しながら、エネルギーとともにそれを外部に排出しつつある開放系です。エネルギーの供給を受けることで維持されている振り子の振動は、空気抵抗がないゆえに減衰しない真空中の振り子とは違って、散逸力学系の振動です。したがって、それはリミット・サイクル振動とみなせます。ホイヘンスの発見は、二個の、わずかに異なる周期をもつリミット・サイクル振動子が弱い相互作用をもつとき同期できることを示せば、一応理解できます。もちろん、振り子時計を散逸力学モデルでまともにモデル化することは大変でしょうから、具体物に密着しない、より一般的なアプローチでの説明にとどまりますが。それと、ホイヘンスの時計では、「一方の振り子が右に振れるとき、他方は必ず左に」という同期のしかただったのですが、二つの振り子が同時に右または左に振れるという同期が起こる場合もあるのでしょうか。このことも説明する必要があります。これらがどのように説明できるかを述べる前に、身近な同期現象の別の例をとりあげてみましょう。

それは同じく時計とはいうものの、体内時計、特に**概日リズム（サーカディアン・リズム）**とよばれる生物学的リズムが示す同期現象です。サーカディアンとはラテン語で「およそ一日」という意味です。バクテリアから人間にいたるまで、およそすべての生物にはこのような体内時計が備わっていて、約二四時間の周期で生理や行動、生化学的活動などを変動させています。人間を含む哺乳動物では、睡眠覚醒、血圧、体温、免疫機能などがこの周期で変化します。体内時計の仕組みを遺伝子レベルの分子生物学的な立場から解明する研究は、現在急速に進展しています。しかし、この方向での解明がどんなに進もうとも、「体内時計は一つのリミット・サイクル振動子のように振る舞う」という事実は変わらないはずです。

私たちの体内にあるこの時計は、ふつうの生活を営んでいる限り、もう一つの二四時間リズムの影響下にあります。それは外部環境の二四時間周期の変化、つまり地球の自転に起因するリズムです。環境因子として最も重要なものは、光だと考えられています。明暗のサイクルが体内時計のサイクルと相互作用するのです。そして通常、体内時計のサイクルは、二四時間周期の明暗のサイクルに完全に同期しています。ホイヘンスの二つの時計のように、これら二つのサイクルは固有周期が少し違っています。ホイヘンスの時計よりずれはかなり大きいですが。じっさい、外部環境の周期は正確に二四時間ですが、体内時計の固有周期には個体差があり、人間の場合には平均して二四時間より一時間程度長く、人によってもばらつきがあります。外部環境の変化から完全に遮断された境遇に個人を閉じ込め、そこで何週間も生活を続けさせる実験から体内時計の固有周期を知ることができます。海外旅行で時差による不快さを経験すると、環境のリズムに同期していることのありがたさがよくわかります。

同期のメカニズム

以上では、二つの振り子時計の間の同期と、サーカディアン・リズムの環境への同期について述べました。前者は似かよった二個の振動子のそれぞれが自分のペースを調節し、互いに歩み寄ることによって達成される同期であり、これを**相互同期**といいます。それに対して、後者は昼夜のサイクルのように絶対的に安定な周期過程が一方にあり、これに振動子が一方的に歩み寄ることによって達成される同期で、これを**強制同期**といいます。しかし、同期のメカニズムは両者で似ています。以下では特に相互同期に注目してみます。

相互同期が起こる理由を、非線形科学者はどのように理解しているでしょうか。理解のしかたは一通りではありませんが、ここでは最もやさしい考え方を紹介します。まず、他からの影響を何も受けていない単一のリズム現象を考えます。前章の最後で、一つのリミット・サイクル振動の単純なモデルとして、円周上の等速円運動で表わされるモデルがあることを述べました。発生したばかりのリミット・サイクル振動に対しては、縮約理論によってこのモデルが正当化されることをそこで述べました。実は、このようなリミット・サイクル振動の表現は、分岐点の近くという特殊な状況に限定されず広く正当化される理由があるのですが、それには立ち入らず、この単純なモデルを用いて話を進めましょう。

現実の振動現象で観測される量は、たとえば振り子時計の振れの角度とか神経膜の膜電位などの規則正しい周期的変動です。これが同じ周期での等速円運動で表示されることをまず認めましょう。そうすると、二つの互いに似かよった振動子のあいだの同期・非同期の問題は、円周を回る二つの状態点のあいだの同期・非同期の問題に帰着します。

円周上の状態点を以下では「粒子」とよんで、力学運動のイメージで述べることにします。粒子の位置は、同じ円周上の適当な基準点Aから測った角度で表わすことができます。角度で表わした振動子の状態を**位相**とよびます。A点では位相がゼロとします。三六〇度だけ位相が変化すると、一周して元の位置に戻るわけですから、位相が変化しないことと同じです。

図4—1と図4—2を参考にしながら、二つの似かよった性質をもつ振動子のあいだの相互同期について考えてみましょう。そこで、円周上を二個の粒子が運動しているとします。最初に、両者が同じ周期をもっている場合を考えます（図4—1参照）。相互作用がなければ、両者は同じ速さで走っているわけですから、両者の位相差（角度差）は時間とともに変化しません。位相差はどんな値でもよく、最初の位相差をそのまま保持するだけです。

この状況で振動子間に相互作用を導入すると、どうなるでしょうか。相互作用が働くと、粒子たちが本来もっていた速度を変化させます。粒子たちが真空中ではなく強い空気抵抗を受けながら走っている場合には、実際そうなるでしょう。各時刻での相互作用力は、その時刻での二つの粒子の円周上の位置、すなわちそれらの位相で決まるはずですが、以下ではそれが両者の位相差だけで決まると仮定しましょう。詳しい理論によれば、相互作用が十分弱いという条件の下に、この仮定は正しいことが知られています。しかし、ここではその理由に立ち入りません。
　相互作用は、引力の場合と斥力《せきりょく》（反発力）の場合とが考えられます（図4―1参照）。引力は粒子間の相対距離を縮めるように働き、斥力はそれを拡大するように働きます。いずれの場合も、相互作用の強さに比例した速さで相対距離が変化します。

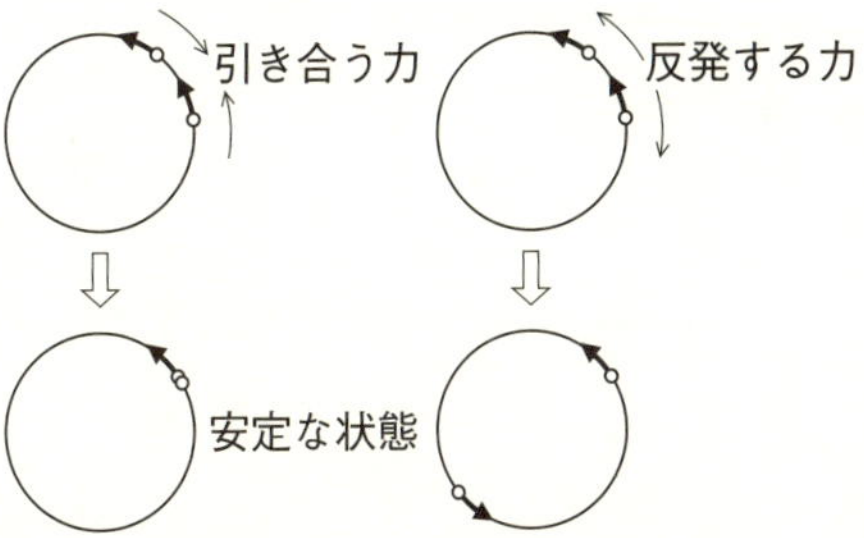

図4―1　相互作用する二つの振動子間の問題は、円周上を回転運動しながら相互作用する2個の粒子の問題に似ている。二つの振動子が同一の場合には、相互作用が引力なら両者の位相は最終的に一致し、斥力なら180°の位相差を保って安定化する。

　引力が働いている場合には、可能な限り二つの粒子は相対距離を縮めようとします。したがって、最終状態は位相差ゼロの状態になります。それ以上相対距離は縮めようがありませんから、その状態では引力もゼロです。位相が一致したこの状態から両者を少し引き離しても、ただちに引力が働いて位相差ゼロの状態に戻りますから、これは安定な状態です。これは完全に歩調を合わせて振動する二つのリズムを表わしており、**順位相**で同期した状態とよばれます。二粒子が円周上の対極の位置を占める状態、つまり最大の離反状態（位相差が一八〇度）もまた均衡状態です。なぜなら、相対距離を縮めようにも、そこでは一方の粒子が他方の粒子に対して右まわりに動くべきか左まわりに動くべきかのちょうど境目の状態になっていて、決めかねる状態になっているからです。しかし、それは地球儀の頂点に乗ったピンポン球のように不安定な均衡状態です。この不安定な均衡状態でも、引力はゼロです。円の右まわりに沿って働く引力と、左まわりに沿って働く引力とが、互いに打ち消しあってゼロになっていると考えてもよいでしょう。このように、二粒子の位相が一致した状態も、正反対の位相にある状態も、ともに引力はゼロで、それらの状態から離れるにつれて引力は強まっていきます。

斥力が働く場合はどうでしょうか。その場合は、最大限の離反状態が実現するはずです。それ以上位相差は大きくなりえませんから、そこでもまた斥力はゼロになっています。引力の場合とは逆に、この状態は安定です。そして、位相が一致した状態がこの場合は不安定な均衡状態になります。最大の離反状態は**逆位相**で同期した二つのリズムを表わしています。ホイヘンスの振り子時計は、ほぼこの状態で同期していたと考えられます。ただし、二つの振り子の周期にはわずかながら違いがあったはずですから、この説明では不十分ですが。

そこで、二つの振動子の間に、若干の周期の違いがある場合を考えましょう（図4―2参照）。周期が違えば、すなわち粒子の運動速度が違えば、二つの粒子のあいだに相互作用がない限り位相差は一方的に拡大します。そして、時間とともに、速い粒子は遅い粒子を何周も追い越していくでしょう。ここで引力相互作用を導入すると、どうなるでしょうか。引力が十分強ければ、先行する粒子は優に引き戻され、遅い粒子にほんの少し先行しているところで均衡状態が達成されるでしょう。速さの違いは両者を引き離そうとする斥力の効果をもちますが、適当な相対距離をとることで、それが引力とちょうど釣りあうのです。周期の違いが小さければ、それに応じた小さい位相差のところでバランスをとるでしょう。その小さい相対距離では引力も小さく、小さい斥力と釣りあうからです。周期の違いを大きくしていくと、均衡が達成される位相差も大きくなるでしょう。しかし、引力の強さには限界があって、ある位相差(たとえば九〇度)のところで最大値をとるはずです。そこまで位相差が広がってもまだ位相差を大きくする斥力が勝っているなら、均衡点はない、つまり、同期が破れ、二つの振動子は別々の周期でリズムを刻むということになります。もちろん、それらは固

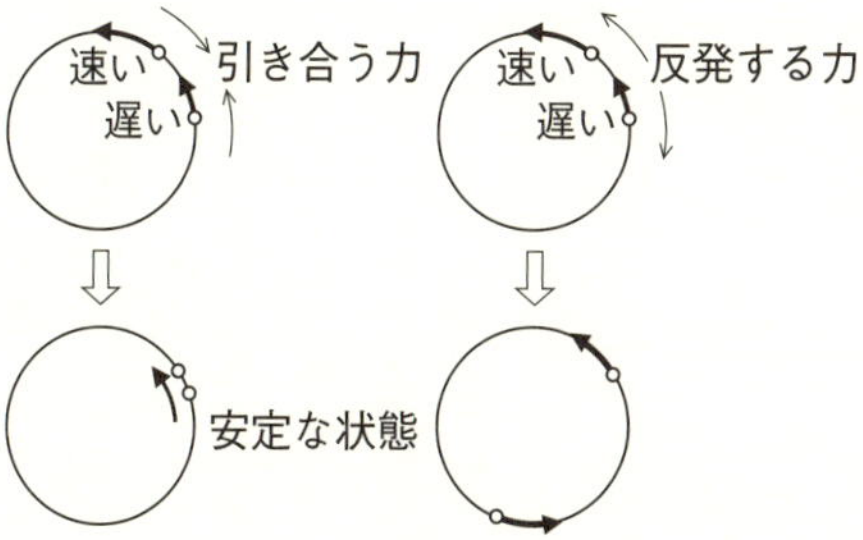

図4－2　二つの振動子が同一でない場合、図4－1はこのように一般化される。すなわち、振動子間相互作用が引力の場合には、両者はゼロでない位相差を保って安定化し、斥力の場合には 180° からずれた位相差で安定化する。

有周期とは異なる周期ですが。

相互作用が斥力の場合も、引力の場合とパラレルな議論が成り立ちます。周期の違いがなければ、その場合は位相差一八〇度という最大限離れた状態に落ち着くということは右で述べましたが、小さな周期の違いがあると、それから少しだけずれた位相差で平衡点を見出すでしょう。正しくは、これがホイヘンスの振り子時計における同期状態だといえるでしょう。もしホイヘンスの振り子時計の出来具合が不揃いで、周期の違いが大きかったとすると、どうなるでしょうか。同期するにしても、逆位相状態からかなりずれた中途半端な位相関係で同期するでしょう。周期の違いがある限界を超えれば、同期は破れるはずです。

逆位相同期の面白い例を、最近聞きました。京都大学の大学院生合原一究氏の研究によりますと、二匹のニホンアマガエルは逆位相同期で規則正しく交互に発声します(図4—3参照)。この場合、一匹だけで発声する場合の周期と比較すると、同期した結果、それぞれのカエルの発声周期はいくぶん長くなっています。一般に、二つの振動子は、それぞれが本来もっていた周期を微調整することで、一致した周期に同期するのですが、その「妥協」の結果である同期状態の周期は、元の二つの周期の平均値に等しいわけではありません。一般には、平均値より長くなったり短くなったりします。同期した周期が元の周期の長いほうよりもさらに長くなったり、その逆であったりする場合さえあります。ニホンアマガエルは前者の例です。同期した

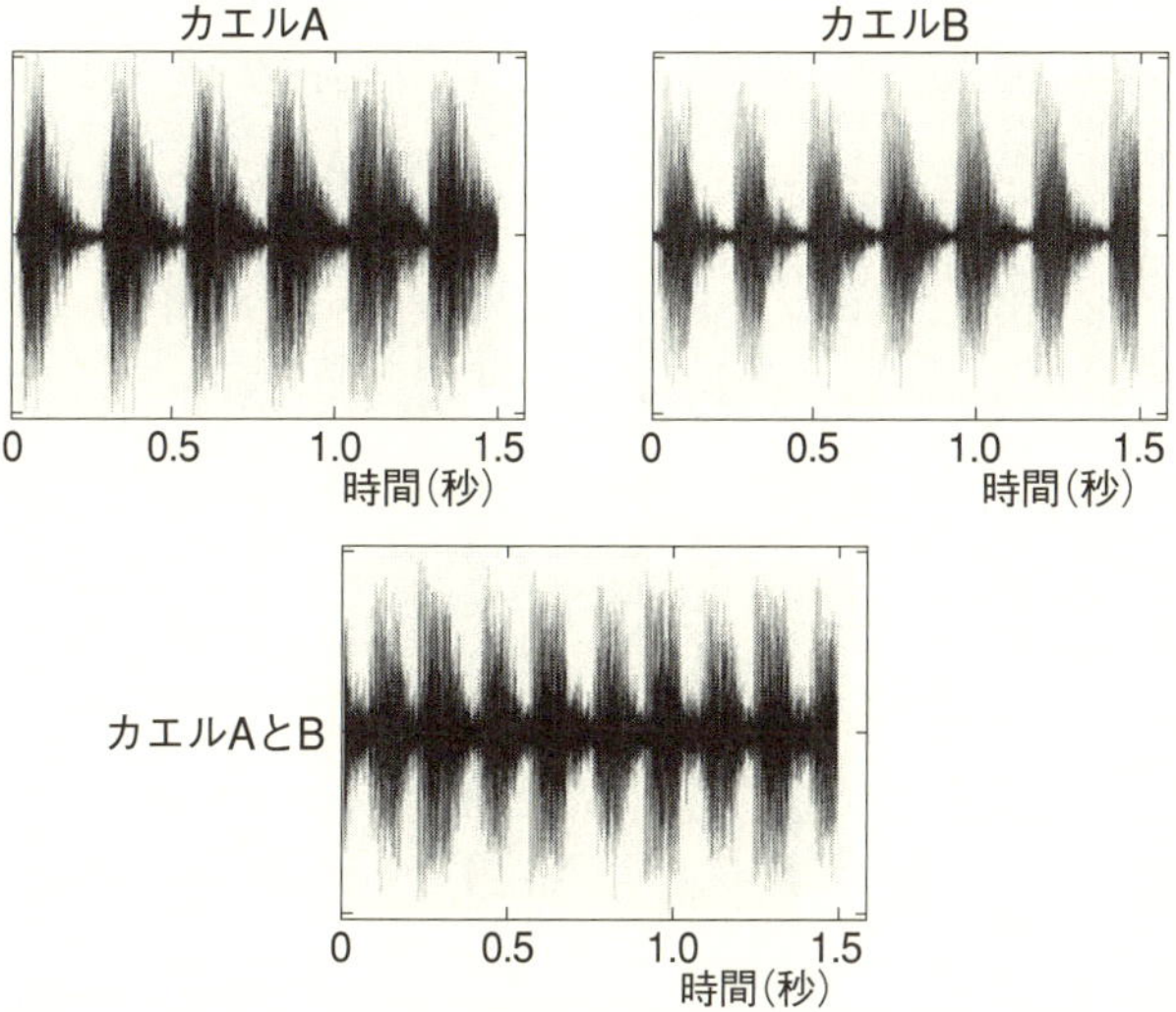

図4―3　ニホンアマガエルの発声パターン。2匹のカエルAとBを同時に発声させると、逆位相で同期した波形が観測される。同期の結果、それぞれのカエルの発声周期は少し長くなる。　提供：京都大学　合原一究

周期が平均周期に等しくないという性質は、振動子の間の相互作用がいわば「作用反作用の法則」を満たしていないことによります。ニュートンの力学法則に、作用反作用の法則（ニュートンの第三法則）というものがあります。これは、ある物体が他の物体を押せば必ず同じ力で相手から押し返され、引けば必ず同じ力で引かれる、という法則です。円周上で相互作用する二つの振動子に働く引力や斥力では、この法則は一般に成り立っていないのです（その点で同期のメカニズムに関する先ほどの説明は、実は少し手直しする必要があります）。作用反作用の法則が成

り立つ特別の場合にのみ、同期した周期はそれぞれの振動子が本来もっていた周期の平均値に等しくなります。

リズムが二個の場合には、斥力型の相互作用が逆位相同期をもたらすことはすなおに理解できるのですが、三つ以上になると、斥力相互作用で何が起こるのかはちょっと予想困難です。振動子A、B、Cがあって、仮にAとBが逆位相になったとします。CはAともBとも逆位相になりたいかもしれませんが、それは不可能です。そこで妥協して、一方とだけ逆位相になり、他方とはしかたなく同位相になるという選択が考えられます。あるいは、三者が仲良く妥協して、すべてのペアが互いに一二〇度の位相差をとるという可能性もあります。BZ反応液の入った三つの反応槽を互いにつないで反応液を相互作用させた実験がありますが、そこでは、すべてのペアが互いに一二〇度の位相差をとって安定した同期状態が出現しうることがわかりました。三匹のニホンアマガエルを同時に発声させることができたら、どうなるのでしょうか。引力型の相互作用の場合には、振動子の数がどんなに多くても、すべてが位相を揃えれば、それが最も安定であると予想できますので、このような問題はありません。

個々の具体例において、振動子間の相互作用が引力的か斥力的か、さらに相互作用の強さが位相差とともにどのように変化するかということは重要な情報です。それを理論的に明らかにするためには、それぞれの場合についての力学系モデルを具体的に知る必要があります。逆に、力学系モデルが与えられていれば、これらの知識を得るための理論は現在一応できあがっています。このような研究から、一対の振動子間の相互作用に引力部分と斥力部分がともに存在する場合があることもわかっています。具体的には、ある位相差以下では斥力だが、それ以上では引力という場合です。そのときには、もし二つの振動子が同一なら、斥力から引力に移り変わる位相差のところで、振動子は安定化します。なぜなら、位相差がこれより大きくなろうとすると引力によって引き戻され、小さくなろうとすると斥力によって離反するからです。〇度でも一八〇度でもない、ある位相差を保って、それらは相互同期するのです。

集団同期現象

体内時計は一つのリミット・サイクル振動子のように振る舞う、と前に述べました。それが誤りというわけでは決してないのですが、サーカディアン・リズムの場合、それは多くの微小な振動子から構成される集団が生み出すマクロなリズムだということがわかっています。人間も含む哺乳動物では、サーカディアン・リズムの発生源は脳の視床下部にある視交叉上核という部位です。ここに二万個程度の「時計細胞」があって、それぞれがリズムを刻んでいます。これらの細胞リズムが協調することでマクロなリズムを生み出しています。

細胞集団が協調して生み出すマクロなリズムの別の例として、**心拍**があります。心拍の発生源は、一ミリ程度のサイズをもつ洞房結節とよばれる細胞の塊です。洞房結節はしばしばペースメーカーともよばれますが、それ自体は自律的なリズムを示す約一万個の**ペースメーカー細胞**からなるリズム集団です。これらの細胞が生み出すマクロリズムが電気的な刺激として心筋に伝えられ、それをリズミカルに収縮させます。多数のミクロリズムの協調によるマクロリズムの発生は、まさに私たちの命を支えているのです。

サーカディアン・リズムにしても心拍にしても、多数のミクロリズムの協調が生命にとって必要な理由は容易に想像できます。一つや二つの細胞ではマクロな効果をもちえないうえ、個々のミクロリズムはそれほど正確な時計にはなりえません。それに、生体では避けることのできないノイズなどによる外的攪乱に対しても脆弱《ぜいじゃく》でしょう。多数が協力すれば、安定した強力で正確なリズムを生み出すことができるはずです。もっとも、細胞の集団同期は生命活動にとって都合のよいものばかりではありません。たとえば、パーキンソン病における運動障害やてんかん発作は、脳神経の集団同期によって引き起こされる病的な症状だといわれています。このような場合には、何らかの方法で同期をこわすことが、むしろ必要になります。

集団同期現象は細胞集団だけに見られるのではありません。最も劇的な集団同期の例としてしばしばとりあげられるのは、ホタルの集団における発光の同期です(図4—4参照)。この現象の研究者として名高い生物学者ジョン・バックとその妻エリザベス・バックは、タイやボルネオに何度も足を運んで、詳細な観察にもとづく多くの貴重な報告を行っています。一九六六年、科学誌『ネイチャー』の彼らの論文は、博物学者ヒュー・スミスが一九三五年の科学誌『サイエンス』に報告した次のような記述の引用からはじまっています。

「小さな卵形の葉でびっしり覆われている三五フィートから四〇フィートの高さの木を想像してほしい。そこには、どの葉にもホタルがとまっていて、それらが二秒に三回の割合で完璧に歩調を揃えて発光を繰り返している。発光と発光の合間、木は真っ暗闇となる……　河岸沿いに十分の一マイルにわたって隙間なく生い茂るヤマプシギ（注：マングローブの一種）を想像してほしい。木々のどの葉にも群がるホタルが一斉に発光するので、林の両端の虫たちもその中間の虫たちと完全に歩調を揃えている。生き生きと想像を働かせるなら、この驚嘆すべき光景をはっきり想い描くこと

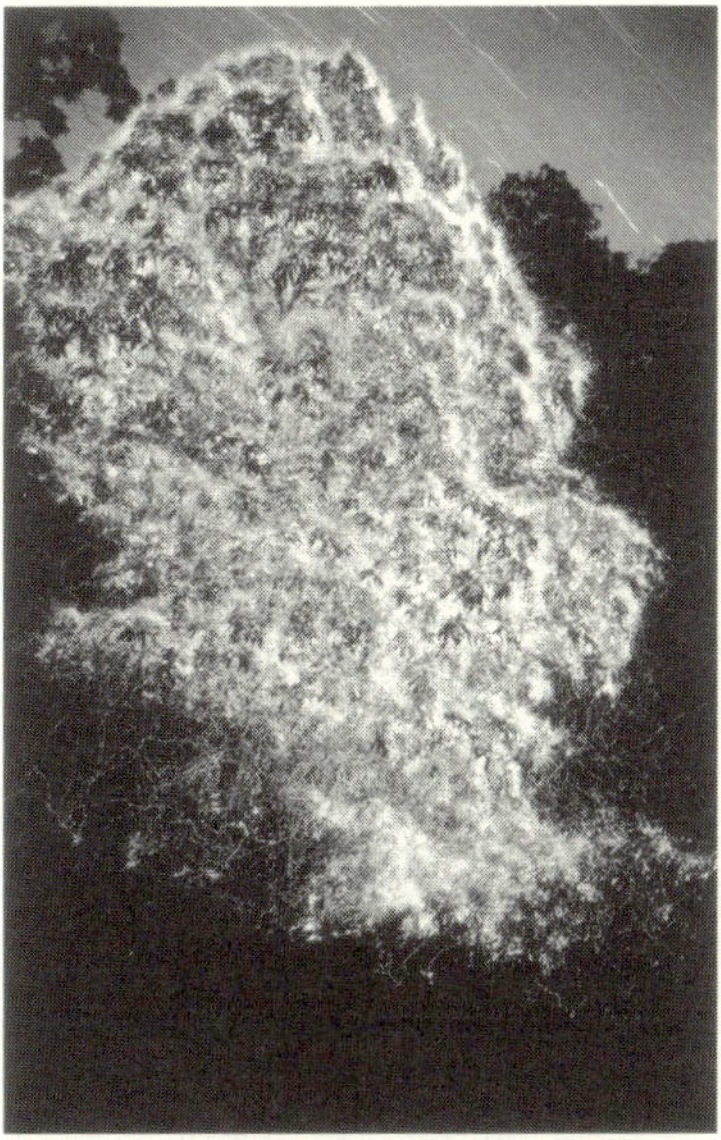

図4－4　木に群がるホタルが、一斉に発光した瞬間。一瞬後には真っ暗闇になる。
提供：朝日新聞社

ができるはずだ……　これは何時間も、幾晩も、何週間も、そして何か月にわたってさえ続く……」

ホタルはその生息地によって、集団発光を示すものも示さないものもありますが、特に著しい集団同期を示すものは東南アジアに見られます。前記はバンコク市の南チャオ・フラヤ河岸で観察されたものの報告です。バックと共同研究者は、その後一匹のホタルに周期的な光パルスを与えて同期の実験を行っています。それによると、光刺激の周期に一定の許容幅があって、その幅内では同期しますが、そうでなければ同期が破れます。前に見た二個のリズムの間の同期・非同期と同様の振る舞いがここでも見られたことになります。

集団同期現象が思いがけないところに現われる例として、スティーヴン・ストロガッツは著書『SYNC』の中で次のような興味深い現象を紹介しています。その概略は以下のようです。それは、ロンドンに新しくできた歩行者用のつり橋「ミレニアム・ブリッジ」が大揺れに揺れて閉鎖になったという事件です。この橋は総工費三〇億円をかけて建設され、二〇〇〇年六月一〇日に一般公開されたテムズ川に架かるつり橋で、優美なデザインとともに夜は美しいライトアップで映えます（図4―5参照）。北にはセントポール寺院、南にはテート現代美術館を臨む位置にあります。当日、オープニングとともに数百名の人々が両岸から押し寄せました。その後数分も経たないうちに、六九〇トンもの橋が大きく揺れはじめたのです。それはおよそ一秒周期で、S字にくねる波として橋に沿って伝わるような揺れだったそうです。このような揺れは橋が人で混んでいるときにはいつでも起こり、いったん揺れはじめると止まることがなく、ついに二日後に橋は閉鎖されました。その後の調査でわかったことは、この橋は約一秒周期で変化する外部からの力に対して特に弱く、それに共鳴して揺れやすいということでした。しかし、人々で混んでいる橋にどうして一秒周期の力がかかるのでしょうか。可能性としては、人々の歩調が原因ではないかということです。橋を歩く人々の歩行ペースは平均して一秒に二歩程度だからです。左右二歩で一周期だから、つじつまが合っています。問題なのは、一人の巨人がこのペースで橋を歩いたのならいざしらず、人々の歩調はまったくランダムだと考えられるという点です。ランダムなら、平均として効果は打ち消されるはずです。しかし、この点こそが、集団同期が常識破りな点なのです。個個人の歩行という「リズム」が

図4―5　ミレニアム・ブリッジ　対岸にセントポール寺院が見える。　提供：英国政府観光庁

互いに同期して、集団として大きなリズムを生み出してしまったのです。橋という媒体が個個人の振動間の相互作用を媒介したのだと考えられます。ホイヘンスの振り子時計が、壁という媒体を通して同期したように。この橋は、欠陥を修復したうえで二〇〇二年に再オープンしました。なお、この現象を説明するための理論がストロガッツらによって提出され、二〇〇五年の科学誌『ネイチャー』に発表されました。後でも少し触れますが、集団同期の発生に関しては、私自身が一九七五年に提出した理論モデルがあります。ストロガッツらはそのモデルを現実の状況に即した形で少し修正し、それによって現象を非常にうまく説明しています。

集団同期のもう一つの例として、オペラハウスやコンサートホールで観客の拍手が同期するという現象が同じく科学誌『ネイチャー』に報告されています。この研究者たちは、満員の聴衆で埋まったホールの天井に集音マイクを取り付けて、劇場全体から来る音量の時間変化を計測しました。拍手がはじまってしばらくは、はっきりしたリズムは見られなかったのですが、やがて周期的な強弱が〇・五秒程度の周期で現われました。周期的な音量の強弱は集団同期の結果に違いありません。この測定と並行して、隠しマイクを使って一人の聴衆の近くで同様の計測をしたのですが、その近辺の局所的な音も全体に同期した時間変化のパターンを示しました。つまり、個個人も劇場全体の音の変化にわれ知らず影響され、それに同期しているのでしょう。ちなみに、この研究を行ったのはルーマニアの科学者たちですが、彼らによると、拍手の同期は東欧文化圏では日常茶飯事だが、西欧やアメリカではめったに起きないそうです。日本でも拍手の同期はあまり見られないように思います。

第二章のはじめのほうで、次のことを述べました。すなわち、自然界の熱対流現象は一般に複雑多様な要因を含んでいるが、非本質的な要因をできる限り洗い落とし、熱対流のエッセンスを取り出した理想化されたシステムを実験室で実現することで研究は大きく進展する、と。同様のことが集団同期現象にもいえるでしょう。しかし、そのような実験が試みられたのは比較的最近であり、この現象に関しては理論が先行したというのが実際のところです。最近の実験についてですが、ジョン・ハドソンたちは六四個の電気化学振動子を用いて集団同期を実現しました。六四個のニッケルの電極を硫酸溶液に浸し、これに一定の電圧をかけて行った実験です。これによって、六四個の電極を流れる電流が、電気化学的理由によって自発的な振動を示します。また、この実験では、振動子のおのおのが、他のすべての振動子と等しい強さで相互作用するように配線されています。このような単純な相互作用様式を、**大域相互作用**あるいは**平均場相互作用**とよんでいます。平均場相互作用をもつ振動子集団が示す集団同期現象に関しては、これよりずっと以前に理論が提出されているのですが、ハドソンたちの実験はそれを再確認すると同時に、理論家にとっても刺激的なさまざまな実験結果を、現在もなお生み出しつつあります。特に、人為的にフィードバックをかけることで、振動子間の相互作用をさまざまにコントロールできることがわかってきました。これによって、振動子集団の研究に大きな飛躍が見られるかもしれません。

相転移としての集団同期

散逸力学系モデルにもとづいて集団同期現象への理論的アプローチを最初に試みた人物は、BZ反応に関連して第三章でも登場したウインフリで、一九六七年の彼の記念碑的な論文においてです。彼が用いた振動子モデルは、前に述べた位相モデルです。すなわち、等速円運動を行う粒子で表わされるような振動子の集団を扱ったのです。集団は無数の振動子から成り立っています。振動子間の相互作用は引力型で、各振動子がすべての振動子と等しい強さで相互作用する平均場相互作用が仮定されています。一対の振動子間の相互作用は一般に双方の位相に依存する、と前に述べました。しかし、位相モデルが成り立つための前提条件である「相互作用が弱い」という条件を使うと、相互作用は実質的に位相差のみで表わされるということも同時に述べました。ウインフリの位相モデルでは、この簡単化はなされていません。すなわち、そこでは、振動子Aが振動子Bから受ける力は、Aの位相とBの位相の双方に依存しています。そして、ウインフリはその力がAの位相のみを含む関数（感度関数）とBの位相のみを含む関数（影響関数）の積で表わされる、という仮定をおきました。相手方振動子からの影響力は、相手方がどのような位相状態にあるかで決まり、それを受け取るこちら側の感受性は、こちら側の位相状態で決まるというごく自然な仮定です。

それと、集団同期現象にとって非常に重要な点として、振動子は一般にばらついた個性をもっているという事実があります。これは右に挙げた集団同期のさまざまな例すべてに共通することです。等速円運動する粒子としての振動子の「個性」は、その周期のみです。そこでウインフリは、振動子の固有周期がある統計分布にしたがってばらついていると仮定しました。彼は自身が提出したこのようなモデルを理論的に解析することはほとんどできませんでしたが、定性的な考察と計算機シミュレーションからきわめて重要な結論を導いています。すなわち、このような集団は一種の相転移現象を示す、と。

もちろん、これは熱平衡状態で起こる物質の相転移ではありません。したがって、がっちりとした理論体系をもっている熱平衡状態の統計力学を用いてこの相転移を扱うことは不可能です。しかし、相転移との類似性は明白です。一般に、相転移は秩序を作り出そうとする傾向と、それを壊そうとする傾向の優劣関係が逆転することから起こります。これが徐々にではなく、秩序相と無秩序相との間に明確な転移点があるということが重要です。たとえば、物質がある温度を境にして磁気を帯びたり消失したりする磁気相転移を例にとりますと、原子の性質に由来するミクロな磁石（磁気モーメント）の間には、互いにそれらの方向を揃えようとする相互作用があります。一方、これらはランダムな熱運動を行っていて、そのような整列を妨げようとします。熱運動は高温になるほど激しくなりますから、高温ではミクロな磁石は整列できず、その方向は平均化されてマクロな磁化はゼロになります。しかし、ある臨界温度以下では、整列させる力が優勢になって突如磁化が現われはじめます。これは前にも述べたように、対称性の自発的破れの一例です。

集団振動の発生は、このような磁化の出現に似ています。ミクロな磁石に相当するものは、個別のリミット・サイクル振動です。ミクロな磁石の方向の整列は、リミット・サイクル間の相互同期に対応しています。整列を妨げる熱運動の激しさ、つまり温度に相当するものは、固有周期のばらつき加減です。じっさい、ウインフリのモデルのシミュレーションを行ってみると、固有周期のばらつきの度合いを小さくしていくと、あるところでマクロな振動が発生します。体内時計や洞房結節のリズムも、ホタルの集団発光も、ミレニアム・ブリッジの揺れも、すべて振動子集団の秩序相にあると考えられます。「秩序」がそこでは純粋にダイナミックな秩序であるという点が、通常の相転移と本質的に異なる最も興味深い点です。

ウインフリ氏のこと

ウインフリの独創的な研究についてこのように述べると、それに関連した私の個人的な回想を書く誘惑に抗しきれません。それほど私はウインフリの論文に強いインパクトを受け、以来リズムの世界に深く関わることになったからです。

ウインフリは二〇〇二年一一月五日に、脳腫瘍《しゅよう》のため六〇年という比較的短い生涯を閉じました。私より二歳年下ですが、老賢者のようにつねに私を導き続けてくれた人というイメージをもっています。集団同期に関する彼の論文は、前に述べたように一九六七年に出版されました。私がこれをたまたま知ったのは一九七四年頃、つまりプリゴジンの熱いメッセージに心を動かされて非線形現象の世界に参入してまだ間もない頃でした。その頃、私は九州大学物理学教室の助手で、当時生物学教室におられた清水博先生の研究室に出入りしていました。非線形現象の世界に入ったのはよいものの、なかなか研究の方向が定まらず、あれやこれや中途半端に手を出しては、研究室の森肇先生から「そんなことでは根無し草になりますよ」と注意されていました。ウインフリの論文に出会ったのは、清水研究室のセミナーでそれが紹介されたときでした。ちなみに、ウインフリはこの論文を二四歳で書いていますから、すでに三十代の半ば近くになっていた私とは比較になりません。しかも、彼はコーネル大学の物理工学を専攻した学生で、前記の論文は彼が分野を鞍替《くらが》えしてプリンストンに移って間もない頃の論文と思われます。

彼の論文を読んで、私はまずその冒頭のパラグラフに魅了されました。固体物理の外の世界についてはまだほとんど無知だった私にとっては、実にいきいきとした自然観がそこに提示されていたからです。無数のリズムに満ちた自然、そのようなリズム間の同期から構造化してくるような自然。何かを渇望していた私でしたので、過剰にイメージを膨らませてしまったのかもしれませんが、何か壮大なイメージがそこから湧きあがってくるように感じました。そのような、自然の重要な一側面を明らかにしていこうという魅力に富んだ科学が実際にあるということに感動を覚えました。それを物理とよぼうと数学とよぼうと、はたまた生物学とよぼうと、それはどうでもよいことでした。自分が今からそのような科学をやろうと思えばやれるのだと知ったことは、私にとって大きな希望でした。

　ウインフリの論文自体は、それほど読みやすい論文ではありません。しかし、いったん「惚《ほ》れ込んで」しまうと、そういうことはあまり問題ではなくなって、ウインフリのいいたいことが肌でわかるような感覚を覚えます。一般に、何かに惚れ込む（惚れ込める対象に出会う）ことがないと、ほんとうに満足のいく仕事はできないのではないかという気さえします。ともかく、私は彼の振動子モデルに修正を加えて、数学的にきちんと解けるモデルにできないかと考え、一九七五年に一つのモデルを提案しました。その修正とは、振動子間の相互作用を、両者の位相に別々に依存するのでなく、位相差のみに依存するものとし、それを最も単純な周期関数、すなわち正弦関数で与えることでした。その結果、モデルはある意味で厳密に解け、首尾よく相転移現象を数学的に表現することができました。

今でこそ、私のこのモデルは関連分野ではよく知られたものになり、幸運にも私の固有名詞まで冠されていますが、その誕生と生い立ちはかなり惨めなものでした。そもそもこのモデルとその解析結果は、京都大学数理解析研究所で当時開かれた「基礎物理学における数学的諸問題」という国際シンポジウムで短時間の一般講演として発表しただけで、きちんとした論文にはなっていません。シンポジウムの会議録に、タイプ打ちで二ページばかりの報告として残っているだけです。なぜ、通常の論文として学術誌に投稿しなかったのかというと、その内容をいろいろな人に話しても一向によい反応がなかったからです。私の尊敬していたさる権威ある先生からさえ、「そんな研究なら工学かどこかでもうやられているのではないか、よく調べてみたまえ」と逆に不勉強をたしなめられるありさまで、経験の乏しい私にはまったく自信がもてませんでした。シンポジウムでの講演でもほとんど質問もなく、ある固体物理学者から「その研究は具体的にどんな現象に関係がありますか」という質問がただ一つあっただけでした。私は「サーカディアン・リズム」とポツリと答えましたが、質問者は怪訝《けげん》な顔をして無言のまま着席し、司会者は次の講演者との交代をうながしました。以後四、五年の間、私はこの仕事のことをほとんど忘れていました。ある日、ウインフリからの短い手紙が届くまでは。

ウインフリはその頃、*The geometry of biological time*（「生物学的時間における幾何学」）

と題する大著の原稿を書き終わった段階でした。彼の手紙によると、同書のための膨大な文献リストを完成させる目的で関連の研究を調べあげていたところ、会議録に載っている私の短い論文が目にとまり、大いに驚いたようでした。彼は私の仕事への好意的なコメントを最終稿に滑り込ませ、それがきっかけとなって、私のモデルと理論は海外からも少しずつ知られるようになりました。しかるべき人から評価されるまでは自信がもてなかったとは情けない話ですが、おかげで私にも多少の自信ができ、一九八四年にシュプリンガー社から出版された私のモノグラフ *Chemical Oscillations, Waves, and Turbulence*（「化学振動、波動、および乱流」）では、このモデルと理論についてかなり詳しく紹介しました。この一件に限らず、ウインフリは私の研究の節目節目で鋭いコメントとともに勇気づけられる多くの言葉を私に寄せてくれました。

彼からの最後のEメールは二〇〇二年六月一〇日、すでに病状がかなり進行して、強い薬物のためごく短い目覚めの時間の合間に、ベッドでタイプされたもののようでした。文はやや乱れていましたが、その短いメールにも彼独特の機知とやさしさがあふれていました。

個と場の相互フィードバック

原子・分子でも、ミクロな磁気モーメントでも、振動子でもよいのですが、そのような要素が多数集まって強く相互作用をしているような非線形システムは物理学ではおなじみです。そのようなシステムを扱うための最も基本的で便利な方法、しかしかなり荒っぽい近似法として、**平均場理論**という近似理論が昔から知られています。各要素にとってみれば、それと相互作用する他のすべての要素から受ける力は、総体として一種の場による力とみなせます。どの要素もそのような力の場の中に置かれているわけですが、平均場理論では場はどの要素にとっても同一の共通の場であるとみなします。共通とみなされたこの場を平均場といいます。これはもちろん近似的考え方です。なぜなら、一般に相互作用する相手は要素ごとに異なっていますから、要素が感じる場も要素ごとにゆらいでいるはずだからです。しかし、ウインフリや私のモデルのように、「どの要素も他のすべての要素と等しい強さで相互作用する」という特別な場合には、相互作用する多数の相手のほとんどは共通ですから、粗い近似ではなくなり、ほとんど正確な記述になります。要素の総数を無限大にすると、「ほとんど」は「厳密に」に置き換えられます。

　平均場理論を適用すると、無限個の振動子の問題は、与えられた平均場の中で運動する一個の振動子の問題に帰着します。しかし、平均場自身の強さは問題を解くにあたっては、さしあたりは未知量Xとして扱わなければなりません。ともかくこのようにして、各振動子に対する運動方程式を解いて、その運動状態の数学的な形を求めるわけです。これはそれほどやさしくないかもしれませんが、何といっても与えられた場の中の一振動子の問題ですから、工夫すれば可能な場合もいろいろあるでしょう。この数学的な形には当然ながらXという未知量がまだ含まれています。ここで平均場理論の最も肝心なステップにさしかかります。それは、平均場Xそのものはそれぞれの振動子の運動状態がわかれば、それらの総体によって決まる量であるという事実を適用するステップです。ところが、各振動子の運動状態自体が未知量Xを含んでいました。したがって、右の事実は、「XはXのある関数に等しい」という等式が成立することを示唆しています。そして、この等式を解いてXがわかれば、各振動子の運動状態はもはや未知量を含まない形で求められるということになります。「Xによって決まる個別要素の状態の総体がXそのものを決める」という要請は「自己無撞着《どうちゃく》条件」というぎこちない言葉でよばれますが、英語では「セルフコンシステンシー・コンディション」つまり「つじつまが合うための条件」という意味です。互いに強く相互作用した多数の要素からなる非線形システムでは、個と場の相互フィードバックという見方がしばしば有効ですが、それを最もすなおに理論化したものが平均場理論だといえるでしょう。平均場理論はその単純さにもかかわらず、要素間の強い相互作用による集団状態の突然の変化という創発性を記述できる理論としてきわめて重要です。

　ところで、以上の説明では、ウインフリのモデルも私のモデルもともに平均場理論が適用できるモデルだということはわかりますが、なぜ一方が理論的に解析できて他方ができないのかという説明にはなっていません。それは本書で扱える範囲を超えていますが、ポイントはXが一般には単一の未知量ではなく無限個の未知量からなるセットであるという事実にあります。これにともなう技術的困難を回避できるか否かが、解けるか解けないかの分かれ目になります。

本章では、周期的なリズムが基本単位となって作り出される時間的な秩序構造について述べました。それは前章の主題だった空間的な秩序構造と対比できるでしょう。しかし、開放系が生み出すものは、秩序立ったものばかりではありません。場合によっては、それは積極的にある種の不規則性も生み出すのです。それが次章で詳しく述べるカオス現象です。

第五章　カオスの世界

カオスの発見は何といっても非線形科学の展開における最大のできごとでした。そのインパクトは強烈で、あたかも安定していた足下の地面が突然ぐらぐらとゆらぎはじめたかのようでした。何しろ、およそこの世で「変化するもの」は不確定・不確実なことがふつうであって、例外的ではないということが明らかになってしまったわけですから。カオス・インパクトの余波は今も収まらず、さまざまな分野に波及し続けています。以下ではカオス科学の先覚者たちについて一瞥したあと、カオス概念の最も基本的なところを述べたいと思います。

マクスウェルとポアンカレ

カオス科学の先駆者を、気体分子の運動を研究したジェイムズ・C・マクスウェルにまでさかのぼる人もいます。マクスウェルは電磁気学の基本法則を確立した人としてよく知られていますが、それ以外にも、いわゆる「マクスウェルの速度分布則」をはじめて見出した人でもあります。これは気体分子の速度がどのような統計法則にしたがって分布しているかに関する法則です。これを見出すにあたって、彼は二つの球形分子の間の衝突過程を考察し、衝突前後の速度の変化をていねいに調べています。こうした研究を通して、出発点における状態の小さな違いがゆくゆく大きな差異を生むような、不安定でしかも永続的な運動、つまり現在カオスとよばれているものの存在を、彼はかなりはっきりと意識していたように思われます。

じっさい、マクスウェルにしたがって、分子間の衝突をビリヤード・ボールのような硬い球の間の弾性衝突とみなしますと、各分子の振る舞いがきわめて予測しがたい不安定なものになることは、常識で考えても容易に想像できるでしょう。この場合、不安定とは、最初に分子に与える速度の大きさや方向をわずかに変えても、そのごく小さな違いが衝突のたびごとにどんどん増幅され、その後の分子の軌道を大きく変えてしまうということです。

この不安定性を、地球儀の頂点に乗せたピンポン球の不安定性と比較してみましょう。ピンポン球の最初の位置が頂点からわずかにずれても、そのずれがどんどん増幅されるという点では、それは球形分子の衝突における不安定性と似ています。しかし、ピンポン球は不安定な平衡点から遠ざかって、やがてどこか安定な落ち着き場所を見出すことができるでしょう。一方、箱の中に閉じ込められて弾性衝突を永遠に繰り返す気体分子は、不安定な状態から逃れるすべがありません。いわば、頂点からどんどん遠ざかっているはずなのに、気がつけばいつも頂点に立たされているというピンポン球の悪夢のようです。

不安定なままに永続的な運動を行うこのようなシステムは現実に存在すること、そしてこのようなシステムが今どんな状態にあるかについて、私たちの知識にわずかでも不確実性があれば、その行く末を予測することは事実上不可能であること、これらのことを一八七一年に行った講演でマクスウェルはかなりはっきりと述べています。

数学者アンリ・ポアンカレは、誰もが認めるカオス科学の先駆者です。彼は一九世紀末に、三つの天体が互いに万有引力で相互作用すると、数式の操作によっては決して解を求めることができないようなきわめて複雑な運動、すなわち今日いうところのカオス運動が生じることを数学的に示しました。カオス的運動を生じるための最も基本的な力学的構造として、彼が発見した**ホモクリニック交差**という概念は、今日でもカオスに関する文献にしばしば現われます。

このように、カオスの概念は近年になって突然降って湧いたようなものでは決してないのですが、マクスウェルにしてもポアンカレにしても、考察された力学系は保存力学系、すなわちエネルギー散逸というものがまったくない力学系だということに注意する必要があります。衝突する分子というミクロな世界にも、天体力学の世界にも、地上の等身大の世界に見られるようなエネルギー散逸はありません。したがって、保存力学系が永続的なカオス運動を示すとしても、散逸を免れない世界に住む私たちは、この目でそうしたカオスを持続的な運動として観察することができません。

ちなみに、フランスの天文学者ミシェル・エノンと弟子のカール・アイレスは、ある種の天体運動が摩擦のないボウルの中の一つの球の運動と数学的に等価であることを示しました。ただし、そのボウルは、互いに一二〇度の角度をなす三方向に同じように角ばった歪みをもったボウルです。球に最初に与えた力学的エネルギーがある値を超えると、運動がカオス化することを彼らは示しました。しかし、現実に摩擦のまったくないボウルが考えられない以上、そのような実験を行ったとしても、せいぜい一時的に複雑な振る舞いが見られるだけでしょう。散逸のある経験世界に実在する真性のカオスでなければ、今一つ実感が湧かないということは否定できません。

ローレンツ・カオス

だからこそ、保存力学系ならぬ散逸力学系でカオスの存在をはっきりと示した一九六三年のローレンツの業績は、何といっても偉大です。それは歪んだボウルの中の球の運動のような、摩擦によってしだいに衰えていく過渡的なカオスとはまったく異なり、非平衡開放系が積極的に生み出す運動の中に現われるカオスです。それはリミット・サイクル振動と同様に、初期状態がどうであれ、時間が経てばそれに限りなく接近するアトラクターとしての運動状態です。リミット・サイクルの場合は、軌道が安定であるということがすなわちアトラクターであるということでしたが、散逸力学系のカオスは軌道が不安定でありながらアトラクターであるというところが、一見奇妙であり魅力的な点でもあります。

ローレンツのモデルについては、すでに第二章である程度説明しました。それは不規則運動を示す熱対流のモデルです。じっさい、流体をはさむ上下面の温度差を十分大きくすると、熱対流は乱れた運動を示すようになります。つまり、**乱流**になります。ローレンツ・モデルはこの事実を端的にとらえたモデルです。熱対流が乱流化するという事実自体は、ローレンツの仕事以前にもよく知られていました。熱対流ばかりではありません。乱流現象は流体力学における古くからの大問題でした。ナヴィエ・ストークス方程式という決定論的な運動法則にしたがうシステムが不規則運動を示すということは、よく知られていたのです。しかし、この不規則運動が、ポアンカレによって明らかにされた不規則運動と同じルーツをもつという認識が広く共有されるためには、ローレンツの仕事を俟《ま》たなければなりませんでした。

では、ローレンツ以前には、乱流現象は散逸力学系のどんな振る舞いに対応するものだと考えられていたのでしょうか。その代表的な見方は、二〇世紀の最も偉大な物理学者の一人レフ・D・ランダウによる描像でしょう。乱流ではない規則的な流れを**層流**とよびますが、ランダウは層流が次々にホップ分岐を起こすことによって乱流に変化すると考えました。

たとえば、定常な対流という層流があったとします。それがホップ分岐を起こすと、対流は振動をともなうようになります。つまり、どの場所で流れを観測しても、速度が一定の周期で変動します。この振動流が不安定になって、もう一度ホップ分岐を起こします。それによって、最初の周期に加えて別の周期が現われます。これは二重周期運動です。第二章で触れたように、二重周期運動は状態空間の中ではトーラス、すなわちドーナツの表面のようなアトラクターで表わされます。二重周期運動は一般に周期が無限大の運動、すなわち非周期運動です。それは二つの実数の最小公倍数が一般に無限大であるという数学的事実によります。ランダウは、同様の不安定化が引き続いて何度も起こり、そのたびに独立な周期が一つずつ増えていくと考えました。そして、ふつうに乱流とよんでいる、時間的にも空間的にも非常に乱れた状態は、多くの独立な周期をもつ多重周期運動、あるいは高次元のトーラスで表わされるような運動状態だと考えました。しかし、これは単に憶測であって、その根拠を示したわけではありません。

ランダウの見方は、乱流に限らず地上に見られる複雑な運動に対する伝統的な見方を代表しています。複雑な振る舞いは多数の規則的な振る舞いの一種の合成にほかならない、という見方です。そこには、「複雑なものも単純な要素に分解できる。それは単純な要素の合成として理解できる」という根強い見方が潜んでいるように思われます。こういったからといって、私はランダウの偉大さに少しも疑義をはさむものではありません。むしろ、私自身、大学院時代にランダウの論文選集をむさぼり読んで、どれほどこの大物理学者から影響を受けたかはかりしれません。一点の曇りも濁りもないその平明な現象論。難しい数学などいっさいなく、ごく自然な論理で対象の核心を一撃で射抜く鋭さ。非線形現象の理論に関わるようになってからも、無意識にめざしていたのはランダウのそのようなスタイルの理論でした。

ローレンツの仕事に話を戻しましょう。ローレンツ・モデル一つから、私たちはカオスに関する重要なことがらの多くを学ぶことができます。第二章では、このモデルに関する予備的な事項を説明しました。以下では、ローレンツがどのようなやり方で、自分が発見した不規則運動を決定論的カオスであると説得力をもって主張できたかという点に焦点を当てます。ローレンツの仕事が決定的だったのは、彼がカオスに潜む秩序性ないし規則性を明確に取り出してみせた点にあったのではないかと思います。あるいは、カオスを生み出す単純なしかけを具体例で明示したといってもよいでしょう。そのしかけ自体はカオスではありません。カオスというと、何かしらすべてが混沌としているかのような印象をもたれがちですが、実際にはカオスは以下に述べるようなはっきりした秩序性をもっています。ローレンツに先立って散逸力学系のカオスを発見したとされる科学者もたしかに存在するのですが、その点においてローレンツは一歩抜きん出ていたと認めざるをえません。

ローレンツのカオスでは、互いにからみあった三つの変数X、Y、Zが不規則に変動します。図5―1(a)は三次元の状態空間に描かれるカオス軌道の全体が、およそどのようなものであるかを示しています。これは**ローレンツ・アトラクター**とよばれるカオス的アトラクターの一種です。図からわかるように、ローレンツ・アトラクターは「目玉」を二つもっています。各目玉の中心には、不安定化した定常対流状態に対応する定常点があります（第二章参照）。一つの目玉のまわりを軌道が何回かぐるぐるまわりますが、これは振動をともなった対流を表わして

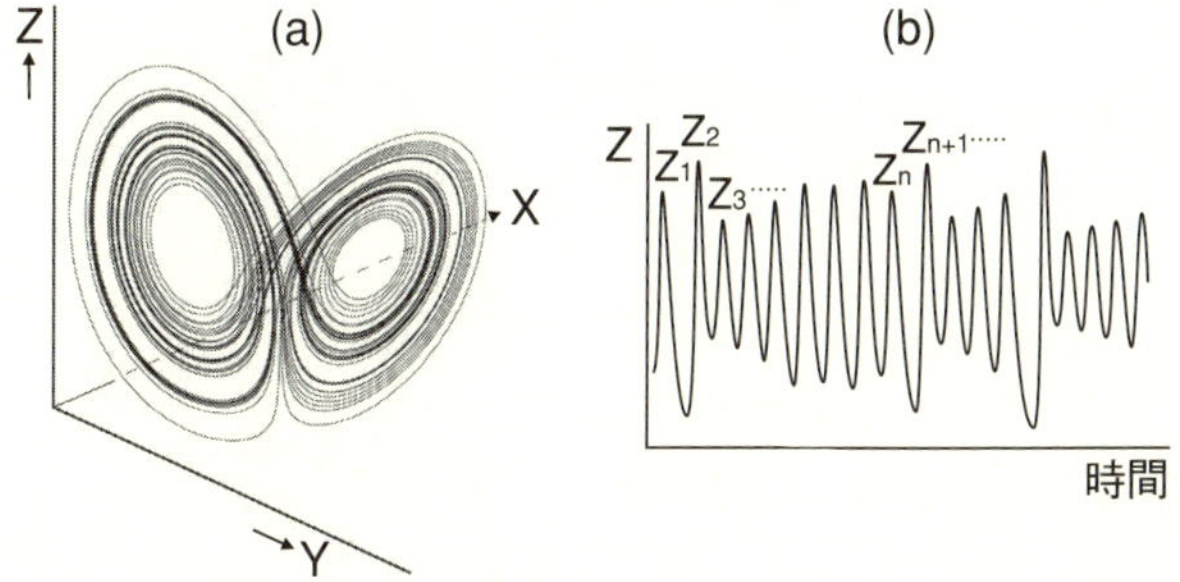

図5－1　(a)ローレンツ・アトラクター。二つの「目玉」の中心にはそれぞれ不安定な定常点がある。これらは第二章の図2－4（86ページ）における対流状態 A、B が不安定化したものである。
(b)ローレンツ・カオスにおける変数 Z の不規則な時間変化。Z のピーク値をすべて拾いあげることで、数列 Z_1, Z_2,…が得られる。

います。その振動が大きくなると、もう一つの目玉にひょいと乗り移り、そこでまた何回かそのまわりをまわります。まわる回数は不規則で一定していません。このように、カオス軌道は二つの目玉の間を不規則に渡り歩くように振る舞っています。対流の振動の振幅が大きくなると、突如循環の向きが反転し、反転した対流が何度か振動した後に再び反転するというような運動を不規則に繰り返していることになります。

三つの変数のうちのどれでもよいのですが、ローレンツにしたがってZに着目し、その時間変化を追ってみます。すると、図5－1(b)のように不規則に波打ちながら、それがピークを迎えるいくつもの瞬間があることがわかります。ある時刻から出発して、最初のピークでZがZ_1という値をとったとします。次のピークでZ_2、n番目のピークでZ_nになるとしましょう。そうすると、長時間の観測からZの長い数列 Z_1, Z_2, Z_3,……が得られます。物理量の連続的な変化を追いかけるかわりに、この数列の性質を調べることを通じてカオス発生のしかけをさぐろうというわけです。じっさい、この数列はある規則にしたがってZの値が次々に変換を受けることで生成されるものだと見ることができるのです。Z_1がZ_2に変換され、Z_2がZ_3に変換され……という具合に。この変換規則がどんなものであるかをまず知りたいのです。変換規則はもちろん、ローレンツ方程式という決定論的法則によって、原理的には決まっているはずです。しかし、より直接的にZの値の間の変換規則として見ることはできないだろうかと考えるわけです。

　変換規則がどんなものかを知るために、ローレンツはn番目のピークの高さZ_nとその次に現われるピークの高さZ_{n+1}との関係をいろいろなnについて調べました。変換前の値Z_nを横軸に、変換後の値Z_{n+1}を縦軸にとった平面において、両者の関係は一つの座標点（Z_n, Z_{n+1}）で表わされます。これをいろいろなnについて調べ、この面内にこのような点をたくさん打ってみるのです。すると、図5―2(a)のように、鋭い頂点をもつきれいな点の集まりが得られました。カオスの中から、カオスではないきれいな規則性が現われたのです。この曲線状の図形がまさに変換規則を表わしています。なお、ローレンツがここでやったように、時間変化を連続的に追っていくのではなく、ある時間間隔ごとに観測を繰り返し、状態の変化を追跡するやり方は、も

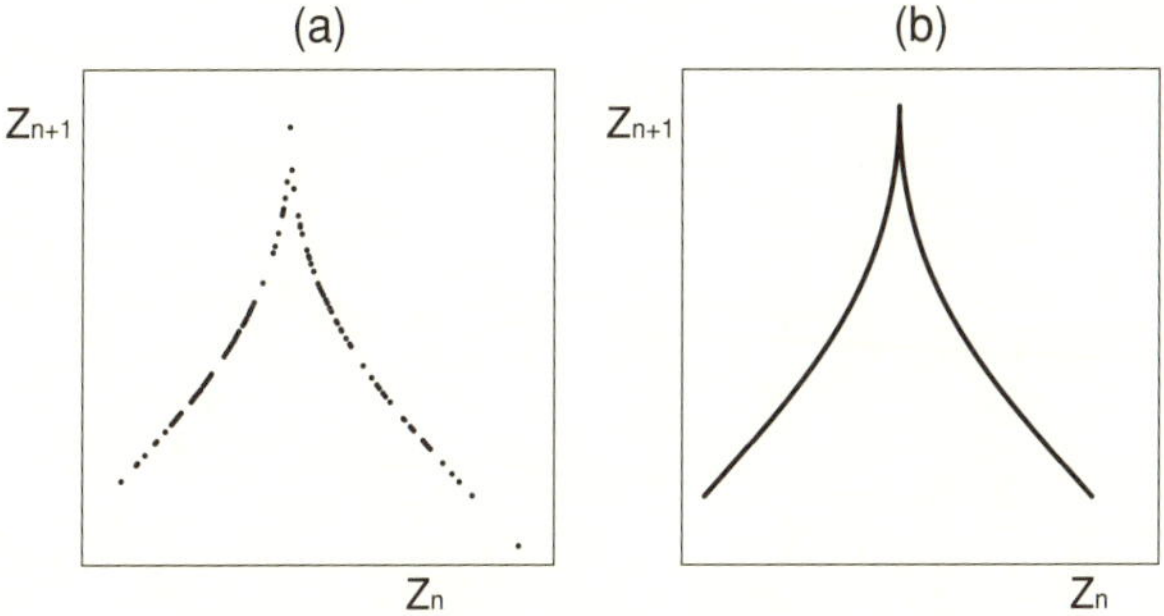

図5—2　ローレンツ・モデルから得られた近似的一次元写像　(a)は Z のピーク値 Z_n と次のピーク値 Z_{n+1} との関係を、いろいろな n についてプロットしたもの。このようにして得られた多数の点をなめらかな曲線でつなぐと、(b)のようになる。

ともとポアンカレが考え出した方法です。

図5—2(a)に示された点の集まりは、たしかに一本のきれいな曲線に乗っているように見えますが、正確にいえば、わずかな幅をもった曲線になります。実は、これはローレンツ・アトラクターがゼロでない厚みをもっていることに由来します。ローレンツ・アトラクターはレコード盤のように薄っぺらな二次元面に近いオブジェクトなのですが、その厚みが完全にゼロではありません。しかし、以下では、図5—2(b)のようにすべてのデータ・ポイントが一本の曲線に乗っているとみなして話を進めましょう。すると、この曲線は任意の実数から別の実数を作る規則を表わしています。この規則を繰り返し適用すれば、最初に与えた任意の数値 Z_1 から無限数列 Z_1, Z_2, Z_3, ……が生成されます。数の変換規則を一般に**写像**とよびます。特に、実数から実数への変換は

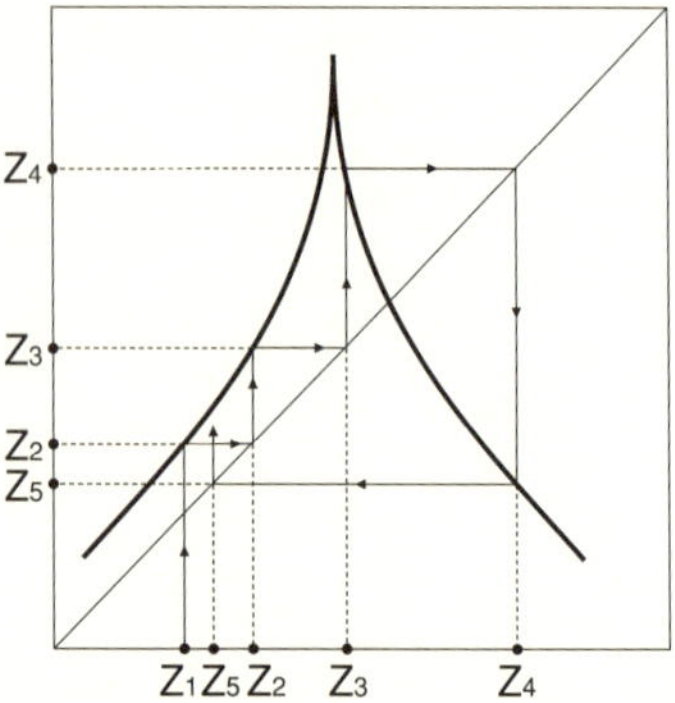

図5—3　一次元写像が生み出す軌道 Z_1, Z_2,…の作図法。変換後の値を（次のステップでの）変化前の値に戻すために45°の傾きの直線を利用している。

一次元写像とよばれます。単一の実数ではなく、ある実数の組から別の実数の組への変換を表わす多次元写像もあります。

写像を繰り返し適用することで生成される数列 Z_1, Z_2, Z_3,……を**軌道**とよんでいます。軌道といっても、状態空間の中で状態点が描く連続的な軌道ではありませんから、妙な感じがするかもしれません。しかし、時間とともに変化する状態の足跡を表わしているわけですから、そうよんでもあながち不自然ではありません。それに、この飛び飛びの軌道は、元の連続軌道がもつさまざまな重要な情報を保持しています。たとえば、元の軌道運動がカオス的な非周期運動なら、Zの数列も非周期的です。すぐ後でリアプノフ指数という「軌道の不安定度を表わす量」について述べますが、この量に関する情報も連続軌道を数列化することによって失われません。力学系という概念も同様に拡張して、変換規則（写像）そのものも力学系とよばれます。微分方程式で表わされるようないわゆる**連続力学系**と区別するために、これを**離散力学系**とよんでいます。飛び飛びの数値を生成する規則

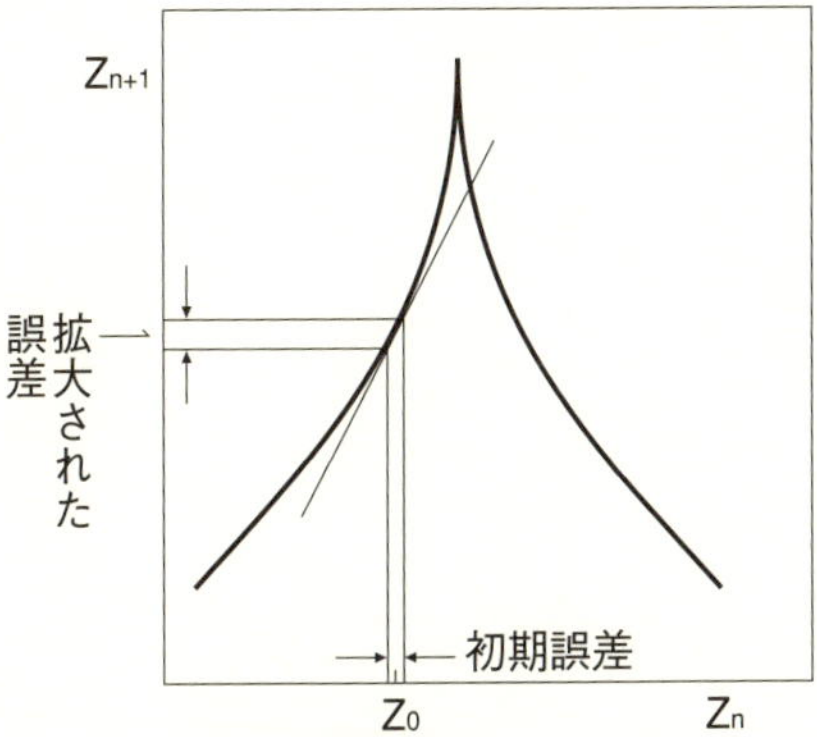

図5—4　写像曲線の接線の傾きがある点 Z_0 で45°より大きければ、その点のまわりの小さな誤差は、1回の変換によって拡大される。

だから、離散とよぶわけです。

Z_n の変換後の値は Z_{n+1} ですが、その値は次の変換ステップにおける変換前の値にほかなりません。したがって、図5—3に示すように、傾きが四五度の補助線を利用することで、変換後の値（縦座標の値）を変換前の値（横座標の値）に置き換えられます。このような置き換えを変換ごとに行いながら、簡単な作図によって生成される数列を見出していくことができます。

こうして得られる数列 $Z_1, Z_2, Z_3,$……は、図5—2(b)に示された写像では必ず不安定で非周期軌道になることが、以下の理由からわかります。まず同図の変化規則が次のような性質をもっていることに注意します。それは変換前のZの値に小さな不確定性ないし誤差があると、変換によってその誤差が必ず拡大されるという性質です。その理由は、図5—4から明らかでしょう。写像曲線の接線の傾きがいたるところプラスマイナス四五度より急なため、変換前のZの小さな幅が一回の変換で必ず広がるのです。

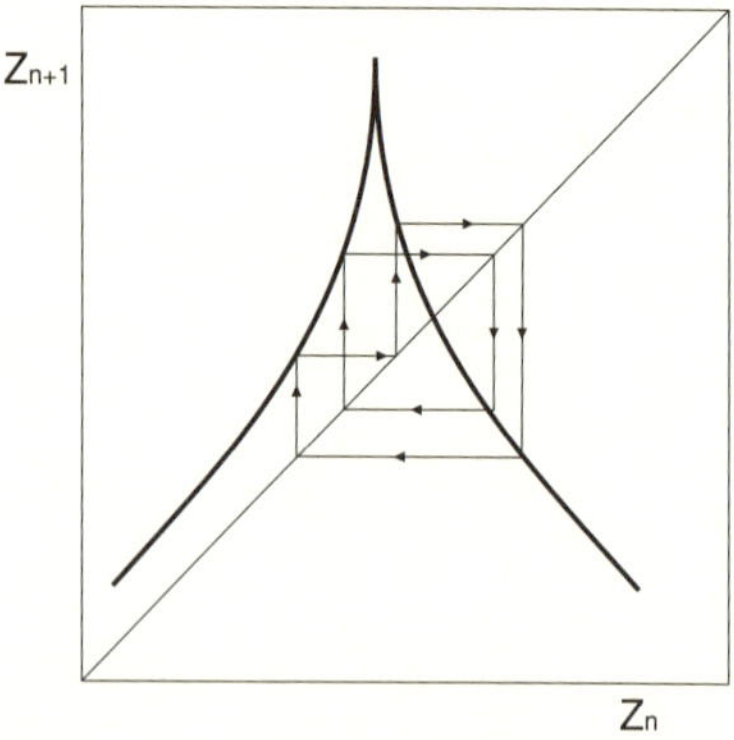

図5－5　一次元写像の2周期軌道と3周期軌道
2周期軌道では、Z_1, Z_2, Z_1, Z_2,…のように Z は二つの値を交互にとり、3周期軌道では Z_1, Z_2, Z_3, Z_1, Z_2, Z_3…のように三つの値を繰り返す。いずれの値においても、写像曲線の傾きは45°より大きいので、これらの周期軌道は不安定である。

ビリヤードのショットにおいて、プレーヤーの手元の小さな狂いが的玉の角度を大きく変えるのと似ています。そのような変換を繰り返せば、誤差は拡大する一方です。したがって、この規則で生成される軌道は、どんな軌道であろうと安定ではありえません。安定な軌道なら、変換を繰り返すことで、誤差はゼロに縮小していかなければなりませんから。

　実現される軌道が必ず非周期的になるのは、なぜでしょうか。初期値をうまく選べば、何回かの変換の後にちょうど初期値に戻るような数列、すなわち**周期軌道**はもちろん得られるでしょう。図5－5には、二回の変換で元の値に戻るような軌道、すなわち2周期軌道と、三回の変換で元の値に戻るような軌道、すなわち3周期軌道が示されています。じっさい、この写像モデルでは、最短周期のものから限りなく長い周期のものまで無数の周期軌道が存在します。しかし、誤差拡大の性質によって、それらはすべて不安定ですから、実現するチャンスはゼロなのです。したがって、実現される数列は決して周期的ではありえない、すなわち非周期的であると考えるよりほかありません。非周期軌道ももちろん不安定ですが、不安定であるがゆえにそのような非周期軌道から逃れていく軌道もまた非周期的であるよりほかありません。

あらゆる軌道が不安定であるがゆえにそこから逃れるといっても、どこか遠くに去って、安定な場所を見つけるわけにはいきません。すべての軌道は一定の区間に閉じ込められているのです。カオスのことを、不安定でありながらどこへ逃れることもできない永続的な非周期的運動、と前に表現しましたが、ここで見出されたものはまさにそのようなものです。接近した複数の軌道の束は、不安定性によって互いに離反していくのに、なぜ全体が一定の範囲に閉じ込められるのかというと、ある程度離れてしまった二つの軌道は変換によって突然接近することがあるからです。離反するのは、互いに十分接近した軌道どうしの話であるということに注意してください。

変換によって小さな誤差は必ず拡大すると述べました。すなわち一回の変換での誤差の拡大率pは1より大きい数ですが、pの値はZのどの値のまわりの誤差を考えているかによります。したがって、Zの数列に対応して拡大率の数列 $p_1, p_2, p_3,$……を考えることができます。

一回の変換で平均としてどのくらい誤差が拡大されるかという、平均拡大率はどうなるでしょうか。たとえば、$p_1=2$ で $p_2=3$ だとすると、これら二回の変換で誤差は $p_1\times p_2=6$ 倍に拡大されます。これは誤差が$\sqrt{6}$倍だけ拡大される変換を二回続けて行ったのと同じ結果を与えます。すなわち、p_1とp_2の幾何平均（積の平方根）が一回の変換当たりの平均拡大率になります。最初の三回の変換についても同様で、p_1、p_2、p_3の幾何平均、つまり積 $p_1\times p_2\times p_3$ の1／3乗が一回当たりの平均拡大率になります。同様にして、どんなに長い軌道を考えても、その間の平均拡大率は、そこに現われるすべてのpの幾何平均に等しくなります。このようにして、カオス軌道の平均拡大率は無限個のpの幾何平均で与えられるということになります。これが1より大きい数であるということが、カオス軌道の不安定性を表わしています。

しばしば、平均拡大率そのものではなく、その対数を軌道の不安定さの指標とします。その指標のことを**リヤプノフ指数**とよんでいます。1より大きい数の対数は正、1より小さい数の対数は負ですから、リヤプノフ指数が正ならば軌道は不安定、負ならば安定です。カオスの定義はやかましくいえばいろいろありますが、少なくとも正のリヤプノフ指数をもつ決定論的運動であるということが、カオスの最大の特徴だといえます。

状態空間の中の連続的な運動についても、右と同じように、単位時間当たりの誤差が何倍に拡大されるかという拡大率を考え、その対数をとったものがリヤプノフ指数です。連続な軌道でリヤプノフ指数を計算しても、飛び飛びの観測から得られた軌道についてそれを計算しても、結果は同じです。現象をいろいろ違った角度から見ても不変に保たれる物理量というものは、概して非常に重要な意味をもつ量です。リヤプノフ指数もそのような量の一つです。

リヤプノフ指数はカオス運動ばかりでなく、周期運動や多重周期運動、定常状態についても適用できる概念です。これらの非カオス的な運動が実現可能な運動である限り、リヤプノフ指数は正にはなりえません。リヤプノフ指数が正であり、なおかつ実現されるのは、カオス運動だけです。同じことですが、軌道が不安定でありながらアトラクターとなりうるのも、カオス運動だけです。カオス・アトラクターはその外部にある状態点をたしかに引きつけるのですが、その内部では自己反発的なのです。

パイこね変換

ローレンツは、その主張の説得性をさらに強化するために、次のことを指摘しました。すなわち、図5―2(b)で与えられる変換規則と、それを単純化した図5―6(a)のような変換規則との類似性を指摘したのです。後者は、0から1までの区間内の任意の実数を、同じ区間内の別の実数に変換する、きわめて単純な規則を表わしています。これら二つの写像は互いに形が似ていますが、後者は拡大率がいたるところ2に等しいという、より単純なモデルになっています。変換ごとに誤差が倍々に増えていくわけですから、前に述べたのと同じ理由で、そこでは

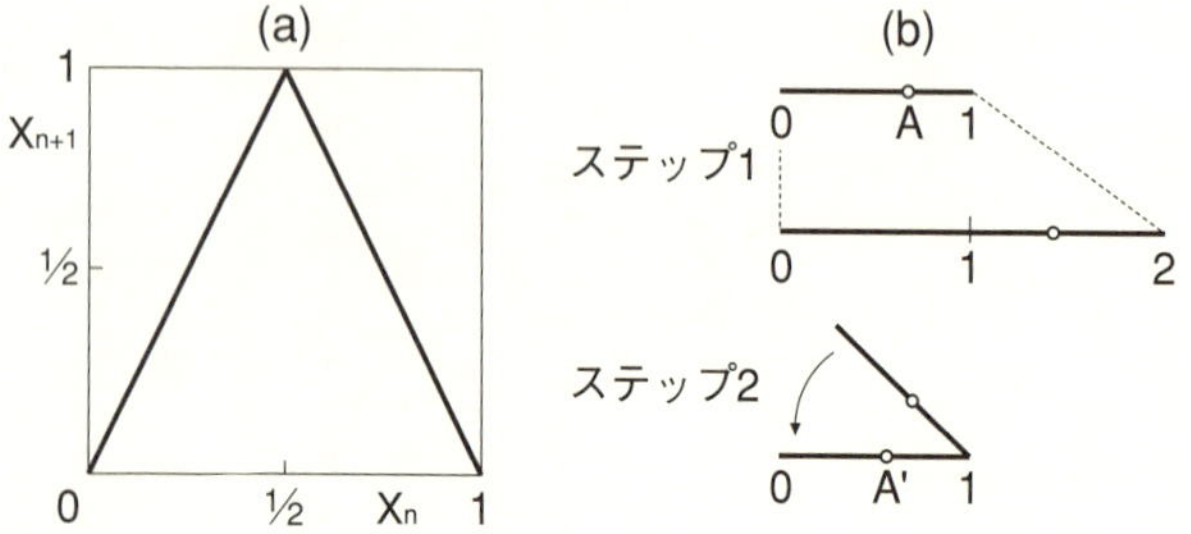

図5－6　(a)はパイこね変換を示す。(b)に示すように、この変換は二つの変換操作の合成と見ることができる。

安定な周期軌道は存在しません。勝手に選んだ初期点から出発すれば、必ず非周期的なカオスが見られるはずです。

この特別な変換規則によって生成される軌道については、その性質が完全にわかっています。面白いのは、たとえば次のような性質です。0から1までの区間をその中点を境にして左右二つの区間に分け、左の区間をA、右の区間をBとしましょう。中点自身はどちらに属してもよいのですが、気になるならAに属するとしておきましょう。さて、ある数（たとえばAに属する）を出発点として、この変換規則にしたがって、数列を生成します。生成された数列を書き下すかわりに、数値そのものではなく、数値がAに属するかBに属するかによって、AまたはBと書くことにします。すると、数列のかわりにABBABAAAB……のような二種類の文字からなる記号列ができます。初期点として別の数を選べば、一般に別の記号列が生成されます。面白い性質とは、でたらめに私が書き下した記号列、たとえばBBABAABBAB……とそっくりそのままの記号列をこの変換規則は生み出すことができる、という事実です。つまり、そのような特別な記号列が生まれるような初期点が必ず0と1の間に存在する、ということです。

でたらめに書き下した記号列は、どんなに長いものでもかまいません。でたらめな記号列は、たとえば硬貨投げによって作ることができます。表が出ればA、裏ならBと記す約束の下で、硬貨投げを延々試行した結果を書き下すだけです。でたらめな記号列が有限の長さなら、それと同じ記号列を生成するような初期点の全体は、有限の幅をもった区間になります。この記号列を一文字分長くすると、それを生成できる初期条件の幅は半分に縮まります。たとえば、一〇文字からなるある記号列を生成するためには、1/2の10乗、つまり1/1024以下の誤差で初期点を選ぶ必要があります。二〇文字の記号列なら1/1048576以下の誤差、という具合です。カオス的なシステムでは、初期の微小な誤差が急速に拡大するために長期予測が非常に困難であるといわれますが、それは与えられた長い記号列を生成するような初期条件の選択が非常な精密さを要するために事実上不可能であるということの言い換えにほかなりません。

図5―6(a)の変換規則に関しては、次のような性質もわかっています。ある決まった初期値から生成される一つの軌道を考えるのではなく、ある微小な区間の中に密に分布した無数の点がなす初期値の集団を考えます。この区間の幅は、どんなに小さくてもよく、たとえば一万分

の一でもかまいません。幅がゼロでさえなければ、その中には無数の点が含まれますから、これら無数の初期値から生成される軌道の「束」を追跡します。変換を繰り返していくと、塊をなしていた初期点の集団はやがて全区間に広がり、その密度分布は一様な分布に近づきます。一万分の一の微小区間から出発しても、十数回程度の変換でほぼ全域に広がります。

これは水中に落としたインクの一滴が一様に広がる不可逆現象に似ています。状態点の塊が不可逆的に拡散するというこの性質は、この変換規則の意味を次のように解釈すれば、私たちの日常経験からも納得できるものであることがわかります。まず、図5—6(b)に示すように、この変換は二つの基本的な変換操作の合成と見ることができます。つまり、第一の基本的変換操作を行い、しかる後に第二の基本的変換操作を行うことと等価だというわけです。

第一の変換は、0から1の区間を表わす線分を一様に二倍の長さに引き伸ばして、0から2の区間にする操作です。これによって、最初の値Xは2Xに変換されます。次の変換操作は、引き伸ばされたこの線分を中央から二つに折り畳んで長さ1の線分に戻す操作です。したがって、第一の変換後の値2Xが1より小さければ、第二の変換によって2Xはそのままですが、2Xが1より大きければ、はみ出た量 2X－1 を1から差し引いたものが変換後の値になります。これら二度の変換操作を行った結果、0から1の区間上の各点は同じ区間上の別の点に移されることになります。たとえば、0.4という点は、最初の変換で0.8になり、二度目の変換ではその値は変わりません。0.7という点は、最初の変換で1.4になり、二度目の変換で0.6になります。

これら二つの変換操作は、定性的にはそれぞれ**引き伸ばし**と**折り畳み**の操作に対応していることがおわかりでしょう。ローレンツ・モデルや後に述べるレスラー・モデルではもちろんのこと、一般にカオスを生み出すような力学系で状態点の集団の動きを状態空間の中で追跡するとき、これと同様な「引き伸ばし」「折り畳み」という過程が見られます。「引き伸ばし」と「折り畳み」は、カオスを生み出す普遍的なメカニズムです。このようなメカニズムは、**パイこね変換**の名でも知られています。

図5―6(a)の変換規則自体も、パイこね変換とよばれます。パイこね変換は、材料を引き伸ばしては折り畳むという操作の繰り返しが、パイをこねる過程と似ていることから来た名称です。このような操作によって、材料が効率よくミックスし、たとえば一か所に集まっていた塩がたちまち全体に均等に広がっていくことは、右に述べた「状態点の塊の不可逆的な拡散」という事実からも理解されると思います。線を引き伸ばし、折り畳むことによって、線上の点列の順序が部分的に逆転することがわかります。順序の部分的入れ替えを繰り返すことで最初の順序の記憶が急速に消えることは、たとえばトランプをシャッフルする操作に見られるように、私たちがそれと知らず身につけている生活の知恵にもなっています。

カオスへの道筋

第二章でも述べたように、ローレンツ・モデルでは、制御パラメーターrの値が24.74を超えると、定常状態が不安定化して突如カオスが現われます。しかし、これはローレンツ・モデルに固有の性質であって、非カオス状態からカオス状態への移行はいつも突然というわけではありません。それには典型的なルートがいくつか知られています。

その中で最も広く見られる美しいルートは、リミット・サイクル軌道が無限回分岐を繰り返した果てにカオス化するというルートでしょう。これを示す最も単純な微分方程式モデルとして、オットー・レスラーが一九七六年に提出したレスラー・モデルがあります。これは具体的な現象とは関係のないまったく仮想的な数学モデルとして提出されたものですが、ローレンツ・モデルと違って特別な対称性をもたないだけに、低次元カオスの一般的性質を知るためのかっこうのモデルになっており、現在でも広く用いられているものです。このモデルも三つの変数X、Y、Zからなっていますが、ちなみにその形は、

$$\dot{X}=-(Y+Z),\quad \dot{Y}=X+0.2Y,\quad \dot{Z}=0.2+XZ-rZ$$

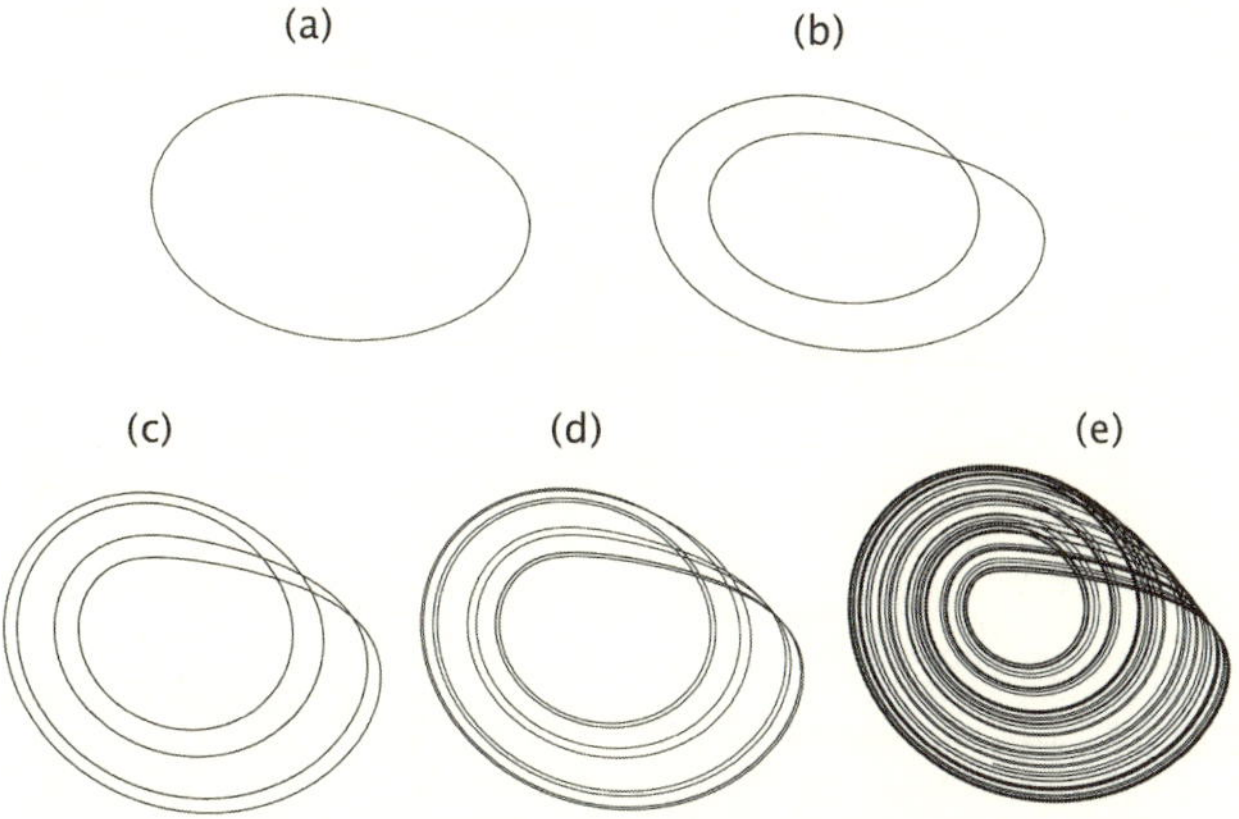

図5―7　レスラー・モデルにおける周期軌道の周期倍化分岐　(a)、(b)、(c)、(d)はそれぞれ1重、2重、4重、8重巻きの周期軌道を、(e)はカオス軌道を表わす。

で与えられます。非線形項が最後の式のXZだけという、いかにも単純なモデルです。含まれるパラメーターはrのみです。以下では、数式の内容にはまったく立ち入りません。

rを変化させるとき、軌道がどのように変化しカオス化するかが、図5―7に示されています。図からわかるように、rを大きくしていくと、単純なリミット・サイクル軌道が二重巻きリミット・サイクルにまず変化し、さらに四重、八重に、…というように軌道が順次ほどけていきます。そして、rがある限界値を超えるとカオスが現われます。閉じた軌道がばらりとほどけて巻数が倍加するとき振動の周期は二倍になりますから、このような分岐現象を**周期倍化分岐**とよびます。どんなに周期が長くなっても、それが有限である限りは閉じた単一の軌道上の周期運動ですからリミット・サイクルであり、カオスではありません。

ところが、このような分岐の連鎖は、rのその限界値までに無限回起こるという事実があります。有限のrの範囲でなぜ無限回の分岐が起こりうるかというと、分岐と分岐の間隔が幾何級数的にせばまっていくからです。

具体的には、これは次のことを意味します。二重巻き、四重巻き、八重巻き…になるrの値をr_1、r_2、r_3等々としましょう。n回目の分岐と$n+1$回目の分岐の間隔Δ_nは$r_{n+1}-r_n$であり、$n+1$回目の分岐と$n+2$回目の分岐の間隔Δ_{n+1}は$r_{n+2}-r_{n+1}$です。したがって分岐と分岐の間隔が幾何級数的に狭くなるということは、Δ_{n+1}/Δ_nが1より小さい一定値になるということです。公比が1より小さいこのような等比級数$\Delta_1, \Delta_2, \Delta_3, \cdots$の総和が有限値に収まることは、高校の数学で教えるところです。そして、この総和は分岐と分岐の間の区間をすべて足しあわせたもの、つまり最初の分岐点r_1からはじまって無限回の分岐が完了するまでのrの間隔にほかなりません。したがって、rのこの限界値は有限になります。

実際には、比Δ_{n+1}/Δ_nが一定値とみなせるのは、十分大きなnに対してだけなのですが、rに有限の限界点が存在するという事実そのものは変わりません。カオスはこの限界点で発生します。もっとも、この点以上ではべったりのカオス領域かというと、決してそうではありません。それどころか、そこでは安定な周期軌道が現われる「窓」とよばれるパラメーター領域が無数に存在し、きわめて複雑かつ美しい分岐構造が見られます。しかし、それについての説明は省略します。

ところで、前記の等比級数の公比の逆数δは、ミッチェル・ファイゲンバウムの理論に因んで**ファイゲンバウムの普遍定数**とよばれ、その値は 4.6692016…となることが知られています。これが普遍定数とよばれるわけは、レスラー・モデルに限らず無限回の周期倍化分岐を通じてカオスが現われるというシナリオをもつすべてのシステムで、δが共通の値をもつと考えられているからです。

たとえば、水銀を用いたレイリー・ベナール対流の実験では、このタイプの分岐列が見られます。もちろん、現実のシステムでは、ランダムなゆらぎを完全には排除できませんから、それほど多数回の分岐をこまかく追跡できるわけではありません。この実験でも、正確にわかるのはせいぜい四回の周期倍化分岐で一六周期の運動が出てくるところまでです。それでもδがΔ_3/Δ_2によって近似的に与えられるとしますと、4.4±0.1…が得られて、これは普遍定数の値にかなり近いことがわかります。同様の結果は発振電気回路のカオスでも得られており、また同じ分岐列を示すさまざまな理論モデルでも確認されています。流体運動、電気回路、レスラー・モデルの間には何の物理的関係もありませんが、δという同じ数値がこれらに共通して隠れ棲んでいるわけです。

プランク定数や素電荷、光速などのように、人間的なスケールからはるかに隔たった世界に物理的な普遍定数が存在することはよく知られています。しかし、五官で経験されるこの複雑な現象世界の中に、しかも物理的な成り立ちがまったく異なるシステムの間に、このような普遍定数が見出されることは驚嘆に値します。この事実は、複雑世界にはまだまだ多くの普遍的な法則が隠されているのではないかという予感を与えます。

逐次分岐

ローレンツ・モデルの話の中で、連続力学系の問題を離散力学系（写像）の問題に翻訳する方法について述べました。同じ方法は、逐次的な周期倍化分岐を示すレスラー・モデルにも適用できます。じっさい、右に触れたファイゲンバウムの理論は、連続力学系にもとづいた理論ではなく、ある性質をもつ一次元写像についての考察から生まれたものでした。どんな性質をもつ写像を考察すればよいのかは、カオス状態にあるレスラー・モデルを離散力学系に焼きなおしてみれば、おおよそ見当がつくでしょう。

そこで、レスラー・モデルの変数Xの時間変化を追ってみますと、ローレンツ・モデルでのZに似て、カオス状態ではXは不規則に波打ちます。ローレンツにならって、Xのピーク値を次々にピックアップしていくことで数列 X_1, X_2, X_3……, X_n, X_{n+1}……が得られ、この数列のあるXから次のXを生み出す変換規則を知ることができます。つまり、X_n と X_{n+1} の関係をいろいろな n について調べるわけですが、その結果は図5—8に示されています。ローレンツ・モデルとの大きな違いは尖った頂点ではなくなめらかな山をもつ曲線で表わされることです。

ローレンツ・モデルから得られた近似的一次元写像では、接線の傾きがどこでもプラスマイナス四五度より急なために、安定な周期軌道というものがいっさい存在しませんでした。しかし、図5—8のような写像では、少なくとも頂点の近くでは接線の傾きは四五度より小さくなり、そこでは誤差は縮小されますから、周期軌道の安定・不安定は微妙な問題になります。

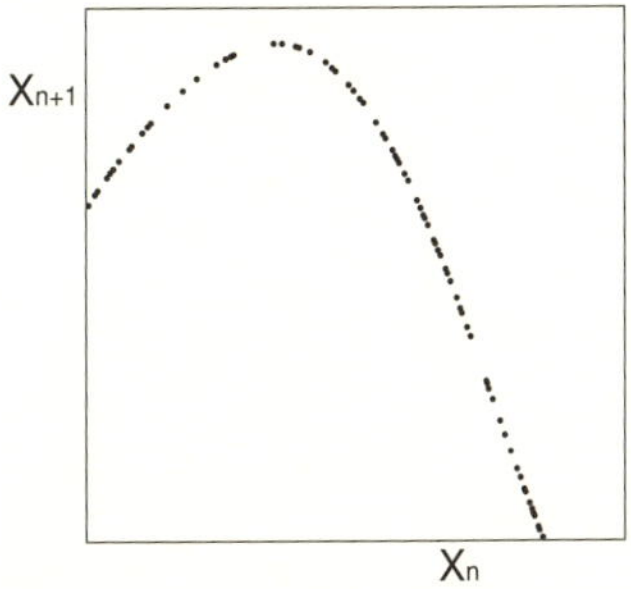

図5—8　レスラー・モデルにおいて、不規則に振動する X のあるピーク値 X_n と次のピーク値 X_{n+1} の関係をいろいろな n についてプロットしたもの。

レスラー・モデルのカオスが、なめらかな山をもつ一次元写像が生み出すカオスによって理解できることが、以上の議論から予想されるわけですが、このような写像を詳しく解析することで、カオスにいたる逐次的な周期倍化現象も説明できるのではないかと期待されます。ファイゲンバウムが実行したのは、まさにこのことでした。ファイゲンバウムはなめらかな山を一

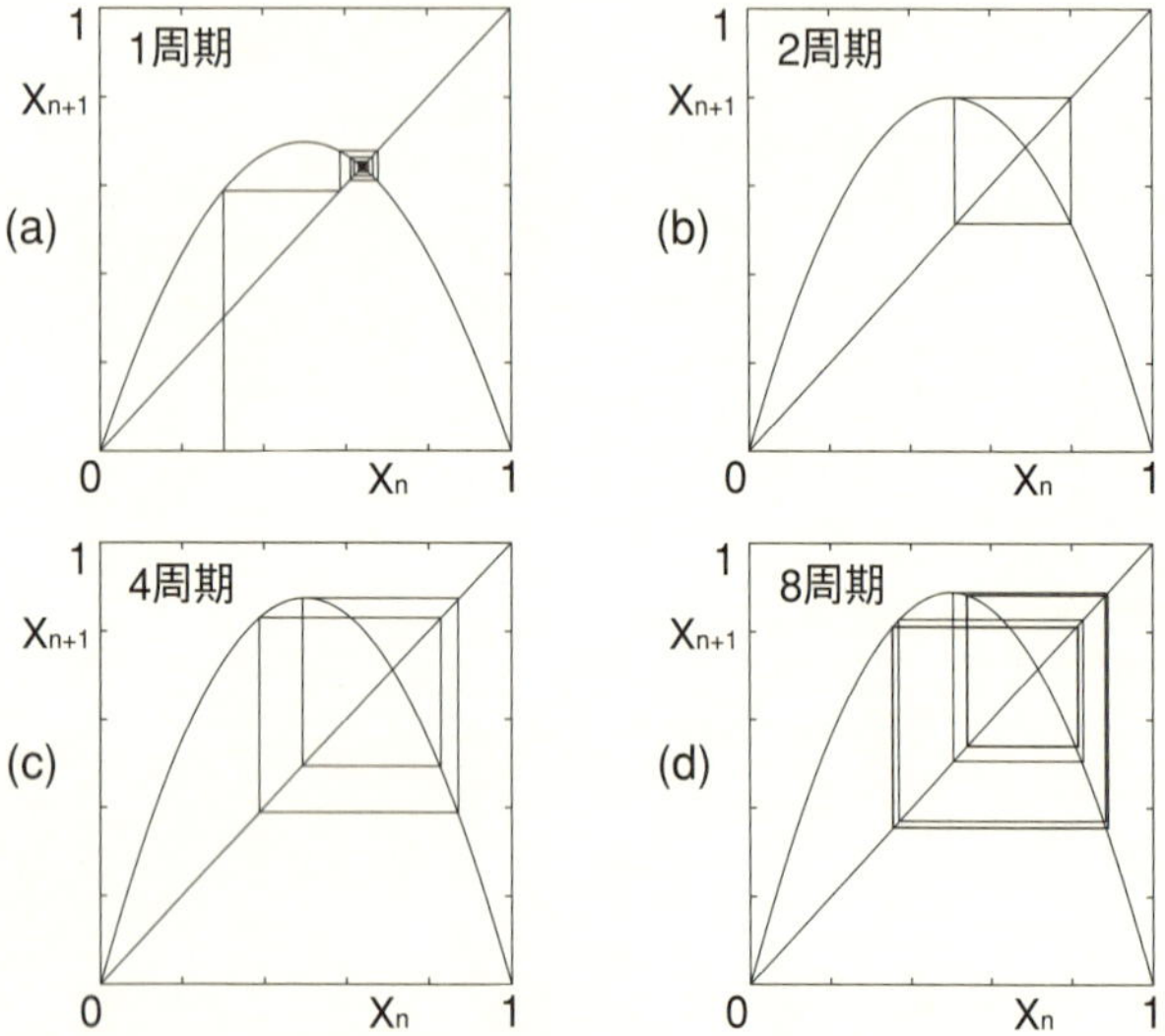

図5―9　二次写像における安定な1、2、4、8周期軌道。1周期点については、それにいたる過渡状態も示した。

つもつ一般的な写像について考察しましたが、そのような写像の最も単純な例としていわゆる二次写像（ロジスティック写像ともよばれる）があります。それは $X_{n+1}=aX_n(1-X_n)$ という形をもっています。パラメーターaはレスラー・モデルのパラメーターrに似た役割をもっていて、これを大きくすると、山は急峻《きゅうしゅん》になっていきます。図5―9には、aを大きくしていったときに相次いで現われる安定な周期軌道の最初の四つが示されています。レスラー・モデルに対応させれば、これらの周期軌道はもちろん図5―7（181ページ参照）に示されたような一、二、四、八重巻きのリミット・サイクルにそれぞれ対応するものです。

ファイゲンバウムの理論は、**繰り込み群**として知られる理論的方法にもとづいています。繰り込み群理論は、ケネス・G・ウィルソンが一九八二年度のノーベル物理学賞の受賞対象となった相転移の理論で用いた方法であり、またそれ以前からも場の量子論で用いられ、素粒子物理学の進展に大きな役割を果たした理論でもあります。素粒子、相転移、カオスという、一見まったく異なる分野に共通する強力な理論的方法があるということは、驚くべきことです。

個体群生態学とカオス

レスラー・モデルから得られるようななめらかな山をもつ写像の最も単純な形として、二次写像があることは先に述べました。二次写像は、実は個体群生態学の分野では古くから知られ、生物集団の個体数の時間変化を記述する最も基本的な非線形モデルとなっているものです。非線形項を無視すると $X_{n+1}=aX_n$ の形になりますが、これは人口増加に関するマルサスの法則として知られているものと同じ法則を表わしています。マルサスの法則は、一八世紀アメリカの人口統計にもとづいてトマス・R・マルサスが提案した法則で、二五年ごとに二倍の割合で人口が増加するというものでした。すなわち、二五年ごとに n が1だけ変化するとし、$a=2$ とすれば、これは右の式で書けます。一世代を二五年とし、平均して一人当たり二人の子供を次世代に残し続けるとすれば、この法則はたしかに成り立つということです。

人口の変動に限らず、この法則は個体群生態学の出発点になるべき法則です。しかし、幾何級数的な個体数の増大は、破局を意味します。現実の生物種はさまざまな相互作用や非線形効果によって、このような破局から免れていると考えられます。第三章で一瞥したような生物種間の相互作用は、ここでは脇に置いて、単一の生物種だけを考えます。そして、非線形効果による自己抑制作用の効果を考慮します。

抑制として働く要因が具体的に何であれ、一般的にいえば、それは個体数の増大によって生存環境が劣悪化し、成長率が鈍化するということでしょう。つまり、マルサスの法則において一定とされている成長率 a を一定と考えないで、それを個体数の増大とともに減少するような、X に関係した量だと考えるのです。個体数 X の増大にともなって成長率に表われる最初の効果は、X に比例する効果であると考えられますから、a を $a-bX$ の形に置き換えてみます。b は正の定数です。X は個体数そのものというより適当な単位で測った種のサイズですから、その単位を適当に選べば、修正された成長率を $a(1-X)$ と書いてもかまいません。マルサスの法則における成長率 a をこれによって置き換えれば、たしかに右に議論した二次写像のモデルが得られます。

一つ気になるのは、時間を不連続な量として扱うこのようなモデルは、非現実的ではないかという点です。たしかに、時間を連続変数として扱う微分方程式モデルのほうが、より現実的である場合が多いかもしれません。しかし、たとえばセミのように世代間の重なりをもたない生物種、つまり特定の季節にいっせいに産卵して親は死に絶えるというような場合には、一年を時間の単位とする離散的モデルのほうがむしろ現実的なのです。以下では、そのような生物集団を考えることにしましょう。

ちなみに、時間を連続変数とした場合の同様の問題、すなわち幾何級数的増殖とその鈍化の問題を考えると、それはプロローグで述べた容器の中のバクテリアの増殖の問題と同じになります。そこでは、個体数が頭打ちになるということ以外に、とりたてて注目すべき現象は出てきませんでした。時間を離散的にすると、まったく振る舞いが変わってくるのです。すなわち、右に述べたような二次写像力学系の複雑な振る舞いから、個体数の増大による成長率の鈍化は必ずしも安定な平衡状態を保障しないという重要な事実が示唆されます。個体数が何年かごとに周期的に変動したり、まったく不規則な変動を示したりということもありうるわけです。気象と同様に、生態系のダイナミクスも実際には多数の複雑な要因がからんでいるには違いありません。しかし、二次写像モデルの複雑な振る舞いは、ローレンツ・モデルのそれと同様に、「現象の複雑さを、ただちに多くの要因がからむことによる複雑さと考えてはならない」という警告を私たちに与えてくれます。

観測データからカオス・アトラクターを構成する

私たちがある複雑な振る舞いを示す対象に出くわしたとき、これはカオスすなわち単純なルールが生み出す複雑さなのだろうか、それとも雑多な要因がからんだふつうの意味で複雑な現象にすぎないのだろうか、ということが知りたくなるでしょう。私たちが現実に手にできるのは生《なま》の観察データであり、理論モデルではありません。生のデータだけから、これをどう判断できるでしょうか。

たとえば、非常によく制御された一定の環境条件下で化学反応の実験を行っているはずなのに、観測される化学物質の濃度が不規則にゆらぐ、というケースを考えてみましょう。十分に制御されていない環境因子がまだあるのか、それとも完璧に制御された環境下でカオス力学系が示す固有の複雑さが観測されているのか。それをどのように判定したらよいでしょうか。

ローレンツのやり方にしたがって、観測量の時間変化から数列を作り、そこに一次元写像らしきものが見られるかどうかで、これを判定できるかもしれません。しかし、その方法でうまくいかなくても、カオスでないとはいえません。できれば、状態空間の中で、カオスまたは非カオスの実体を知りたいものです。すなわち、データが少数自由度力学系のカオスを反映したものなら、データにもとづいて状態空間に軌道を描いてみればカオス・アトラクターに特徴的な構造が見えるでしょうし、単にランダムな現象ならそのような構造はまったく見えないでしょう。もっとも、現実にはノイズを完全に除去することは不可能ですから、アトラクターとはいっても、その構造が多少ともぼやけたものになるのは避けられませんが。ところが、多次元空間の中に軌道を描こうにも、そもそも同時並行的にいくつもの物理量が観測できるとは限りません。せいぜい、特定の一種類の物質の量の時間経過を、長時間にわたって追跡できるのが関の山でしょう。

測定可能な量が一種類に限られても、その時系列データから多次元空間で軌道を描かせる方法が、実はあります。以下では、その方法と一つの適用例を示します。原理はいたって簡単です。まず、最も単純な場合として周期的な変動を示す時系列データ $X(t)$ を考えてみます。$X(t)$ とともに、一定時間 τ だけずれたデータ $X(t+\tau)$ を $Y(t)$ とします。X も Y も同じ周期で元の値に戻るわけですから、X と Y の二次元平面上に軌道を描いてみると、当然閉じた軌道が得られます。時間のずれ τ をどう選ぶかで閉軌道の形はいろいろ変わりますが、閉じた軌道であるという定性的な性質は変わりません。もし、τ を下手に選んだために軌道が8の字に交差してしまうなら、第三の変数 $Z(t)$ として $X(t+2\tau)$ を考え、X、Y、Z の三次元空間で軌道を描かせれば、今度は決して交差することのない閉じた軌道が得られるでしょう。

周期的でない一般の時系列データ $X(t)$ に対しても、まったく同様のアイデアが適用できます。すなわち、n個の変数 $X(t+\tau)$, $X(t+2\tau)$, …, $X(t+n\tau)$を用意して、それらを変数 $X(t)$, $Y(t)$, …, $Z(t)$と考え、n次元状態空間に軌道を描かせるのです。これが低次元カオスなら、そこにはカオス・アトラクターに特徴的な「引き伸ばし」と「折り畳み」の構造が見られるでしょう。

右の方法を適用した現象例として、テキサス大学のハリー・スウィニーのグループによるBZ反応の実験があります。流出入のある、よく攪拌された反応槽を用いると、「劣化」しない低次元散逸力学系が得られるということは、第三章で述べました。この実験もそのようなシステムを用いています。得られるデータは、臭素イオンの濃度の時間変化です。正確にいうと、その濃度の対数に比例して現われる電位を電極で測った量なのですが、それを$X(t)$とします。図5―10(a)は、ある条件下で得られたデータにもとづいて、$X(t)$と$X(t+\tau)$によって作られる軌道をこれら二変数の状態面で描いたものです。これがカオス・アトラクターであるかどうかを判定するために、もう一変数 $X(t+2\tau)$を導入します。この第三の自由度を紙面に垂直な方向にとりますと、図5―10(a)は三次元空間に浮かぶ軌道の全体像を紙面に投影したものとみなせます。したがって、このようなオブジェクトの三次元構造を知ることができます。

これがカオス・アトラクターであることを彼らは次のような方法で確認しました。それは軌道の束の切断面を調べるやり方なのですが、具体的には図5―10(a)の点線に沿い、かつ紙面に

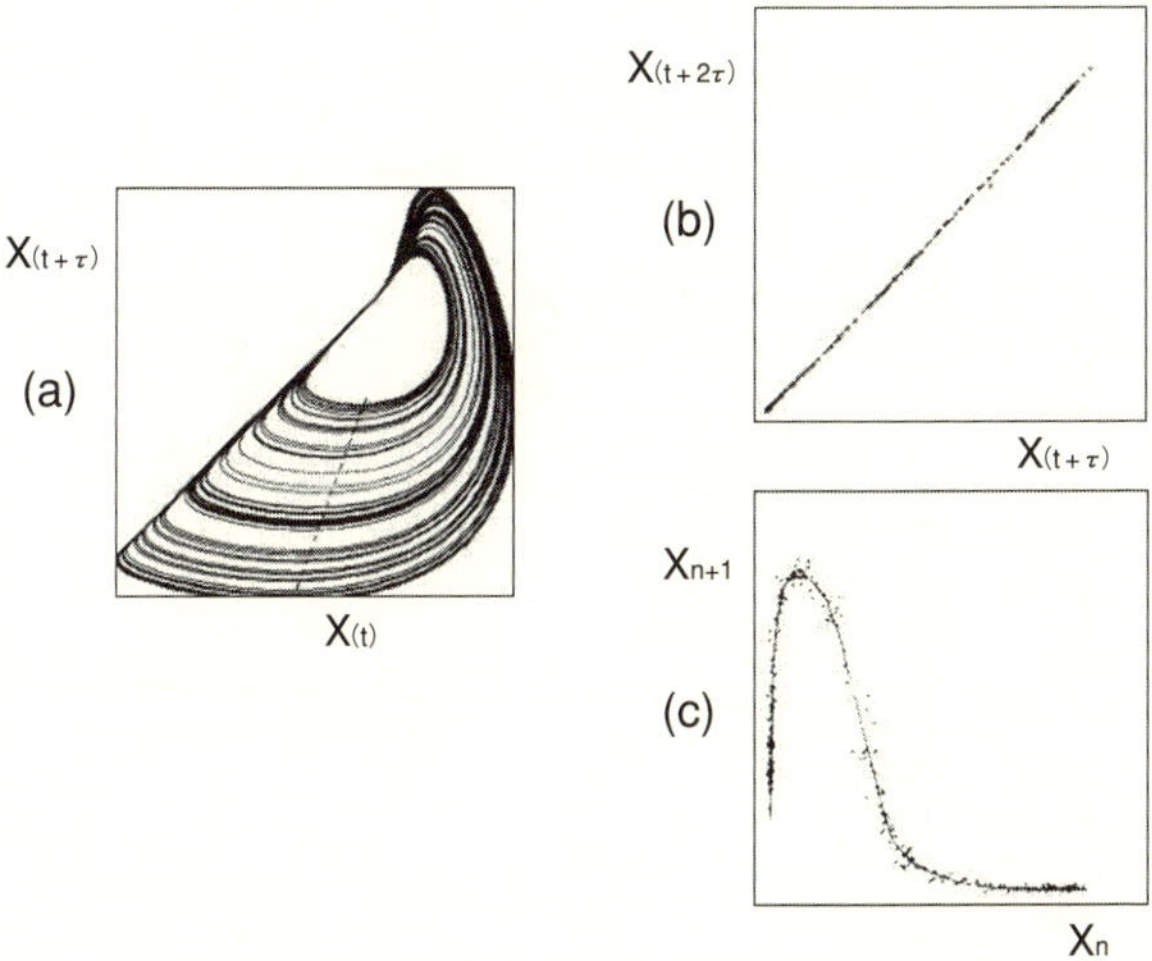

図5―10　左図はBZ反応におけるカオス・アトラクター。紙面に垂直に第三の座標軸 $X(t+2\tau)$ をとると、これは三次元状態空間に浮かぶアトラクターを表わしている。点線に沿って紙面に垂直にこのアトラクターを切断するとき、その断面は右上図に示すようにほとんど幅をもたない。したがって、この断面を逐次横断する軌道が作る変数 $X(t+\tau)$ の値の数列 $X_1, X_2, \cdots$ は、右下図に示すように、ほぼ一次元写像によって生み出される数列となる。(J.C. Roux. et al.:Observation of a strange attractor. *Physica D* 8, p.257, 1983より)

垂直な平面で軌道の束を切断し、その切り口を調べます。切り口の様子が図5―10(b)に示されています。まず注目されるのは、切り口がほとんど幅をもたない一本の線で与えられていることで、これがほとんど厚みをもたないカオス・アトラクターの断面であることが、強く示唆されます。詳細は省きますが、このことからローレンツ・アトラクターやレスラー・アトラクターに対して行ったのと類似のストロボ的な観測から、近似的な一次元写像を作ることができます。その結果が図5―10(c)に示されています。多少のばらつきはありますが、データはほぼ一つの曲線上に乗っています。

この章でこれまでに述べてきたカオス現象は、数個の自由度からなるシステムが示す低次元カオスに限られています。低次元カオスの理論に関しては、一九八〇年代の中葉までにほぼ基本的な概念や方法は出揃ったといえます。それ以後は、応用方面でさまざまな発展が見られます。代表的な応用例として、カオスの制御やカオスを用いた秘匿通信などがあります。

カオスと同期現象

秘匿通信への応用にも関係があるのですが、複数のカオス的振動子(たとえばレスラー・モデル)の間には、リミット・サイクル振動子の間に見られるのに似た同期・非同期現象が起こります。紙数の関係でカオスの同期について詳しく説明することはできませんが、次のことだけは触れておきたいと思います。一対のリミット・サイクル振動子の場合には、両者の周期が近ければ近いほど弱い相互作用で同期できることは前に述べました。しかし、カオスには軌道不安定性というものがありますから、事情が異なります。すなわち、同じ性質をもつカオス振動子のペアを考えると、もし相互作用がなければ、わずかに違った状態から出発したこれらの振動子はたちまちそのずれを拡大し、ばらばらな振る舞いを示すようになります。カオスに特有なこの「離反効果」に打ち勝つほど強い相互作用があってはじめて、二つのカオス振動子は揃った運動を示すことができます。二つのリミット・サイクル振動子には、このような離反効果はありません。そこでは、両者の周期が互いに異なる場合にのみ、それらは離れ離れになろうとし、それを引き止めるために、ある程度以上の相互作用が必要でした。

カオスの同期には、いくつかのタイプがあります。同じ性質をもつカオス振動子の間の同期として最も典型的なのは、両者が完全に歩調を揃え、単一のカオス振動子のように振る舞うという場合です。また、振る舞いが完全に一致しなくても、ある意味で同期しているとみなせる「位相同期」という概念もあります。ただし、この概念が適用できるのは、位相という、リミット・サイクル振動子でははっきりした意味をもつ量を適当に定義できる場合だけです。レスラー振動子では、それが可能です。その場合には、二つのカオス振動子間の位相差が、時間が経っても一定範囲内に収まっているなら、両者を同期しているとみなすわけです。

同期という概念の拡張に関して、もう一つ重要な問題があります。これはカオス振動子にもリミット・サイクル振動子にも関係することですが、話を簡単にするために、以下では単一のリミット・サイクル振動子を考えます。この振動子に外部から不規則にゆらぐ力がかかった場合の同期・非同期の問題です。不規則力の影響下にある振動子という状況は、現実にもいろいろなケースが考えられ、たとえば脳内の神経ネットワークなどの複雑な振動子ネットワークではごくふつうに起こりうる状況でしょう。このような強制力を受けたリミット・サイクル振動子はもちろん不規則に振る舞うはずですが、それが強制力に同期した不規則さなのかどうかを問いたいのです。これは振動子の動きを単に眺めているだけでは、わからないでしょう。そもそも、同期・非同期という概念がこのような場合に適用できるのかという疑問さえ湧くかもしれません。

しかし、この場合にも同期・非同期にははっきりとした意味があります。それを判定するために、繰り返し同じ実験を行ったとします。つまり、まったく同じ時間変動パターンをもつ不規則力を、再度この振動子に作用させてみるのです。振動子の振る舞いは、最初と同一の不規則な時間変化のパターンを示すでしょうか。もちろん、振動子の初期状態が一回目と二回目とで異なるなら、力を作用させはじめてからしばらくの間は、一回目の振る舞いとは違うでしょう。しかし、時間が経つにつれて、一回目とぴたりと重なるような不規則な時間変化のパターンを示すようになるかどうかが問題です。もし、何度試みても一致した変動パターンを示すようになるなら、振動子は強制力に同期しており、試行ごとに違った変動パターンを示すなら、同期が破れているといえます。

以上では、一つの振動子を繰り返し同一の不規則力で駆動したわけですが、そうするかわりに同じ性質をもつ複数の独立な振動子を考え、これらを同時に共通の不規則外力で駆動するような実験からも同期・非同期はわかります。もし、それぞれの振動子が右に述べた意味で強制力に同期しているなら、振動子どうしも完全に歩調を揃えて運動するはずですし、同期していなければ、それらの歩調はばらばらになるでしょう。

一般化されたこのような同期・非同期の概念は、脳内神経ネットワークの情報処理にとって非常に示唆的です。なぜなら、一般に神経振動子というものは、はたして、不規則に変動する入力の情報を正確に反映した振る舞いができるような動的要素であるかどうかということに関係しているからです。神経振動子が実際このような「信頼できる」要素であることを示唆する、脳生理学の実験があります。

時空カオス

多数の自由度を含むシステムのカオス、すなわち高次元カオスはこれまで述べてきた低次元カオスとはまったく異なる、しかし大変重要な研究テーマです。じっさい、「そよ風」という現象一つを考えても、これは非常に自由度の高い流体運動のカオスですし、脳内神経ネットワークにおける複雑なダイナミクスも高次元カオスと無関係ではありえないでしょう。このように、現実の複雑現象の多くは、低次元カオスであるよりも高次元カオスである可能性が大です。高次元カオスは多くの場合、空間的に広がった場に生じるカオス現象であり、したがって時間的な乱れとともに空間的な乱れも重要な関心の対象になります。それゆえに、このようなカオス現象は、**時空カオス**ともよばれます。流体の乱流は代表的な時空カオスですが、逆に流体乱流以外の時空カオスを広い意味で乱流とよぶことも、最近ではごくふつうになっています。たとえば、反応拡散系では、標的パターンやらせん波パターンとともに時空カオスも現われますが、これを**化学乱流**とよんでいます。

長い歴史をもつ流体乱流の研究は、大木の成長のようにゆっくりと、しかし確実に成長を遂げています。それと同様に、時空カオス一般も息の長い、しかし味わい深い研究テーマです。高次元アトラクターやリヤプノフ指数などの基本的な概念はそこでも有用ですが、低次元カオスのようにスパッと割りきれるような理解はなかなか得られません。むしろ、この奥深いテーマをめぐるさまざまな試行錯誤から一見副産物として生まれた成果が、複雑現象一般を理解するための革新的な見方や方法につながるのかもしれません。

カオスはマクロな世界に現われるゆらぎ現象の一種ともみなされます。そして、カオスに由来するかどうかは別にして、この世界はゆらぎに満ちています。カオスや次章に述べるフラクタルの研究が契機になって、マクロ世界のゆらぎが新しい目で見直されるようになりました。次章では、ゆらぎの視点から見た新しい自然像について述べたいと思います。

第六章　ゆらぐ自然

私たちはゆらぎのただ中に生きています。ゆらぎは一見乱雑でとりとめもなく見えますが、注意深く観察すると、そこにははっきりした統計法則があります。実は、ここ数十年の間に伝統的なゆらぎの概念は一新されました。これによって、ゆらぎにあふれた日常世界を新しい目で眺めることが可能になってきました。前章で述べたカオスも新しいタイプのゆらぎであり、その発見はゆらぎ現象の科学における一つの変革ですが、この章ではゆらぎに関するもう一つの新しい見方について述べようと思います。

「正常な」ゆらぎ

身のまわりのさまざまな物を「不規則にゆらいでいる形や動き」としてとらえることができます。複雑な枝ぶりの木々や、雲や山々や、壁に掛かった印象派の絵には幾何学的な規則性というものがほとんど見出せません。流れてくるモーツァルトのメロディや、読みかけの開いた本のページに現われる文字列もたどっていけばさまざまにゆらいでいますし、一見規則的な私の呼吸や心臓の鼓動にしても、注意深く観察すれば微妙に遅くなったり速くなったりしていま す。家具や食器や果物のような静物さえ、それらの内部では無数の原子たちがざわめいており、その影響で、感知できないほどですが、マクロな性質もゆらいでいるはずです。もしも、完全に規則正しい形と完全に規則正しい動きのみによって四六時中取り囲まれていたとしたら、私たちの神経は一日ともたないでしょう。

空気のように当然のものとして、私たちは**ゆらぎ**を享受しています。このありふれたゆらぎを科学の言葉で記述することで、乱雑さの奥に潜む規則性を探り出してみたいと思います。ゆらぎに関する科学的概念は、過去数十年で大きな変革を遂げた、と先に述べましたが、そもそも、「ゆらぎ」という言葉からして、それ自身はゆらぐことのない平均的なものの存在を暗黙の前提としているように思われます。ゆらぎとは平均からのランダムなずれである、という響きがそこにはあります。ゆらぐ現実をこのように「平均値とそこからのゆらぎ」として眺めるという物の見方は根深いものです。

たしかに、不規則な事象に出会ったとき、「平均値プラスゆらぎ」としてそれを理解しようとする態度は十分に理由があり、有用であることは疑いありません。私の血圧や血糖値がどれだけ標準値からずれているかは、私の健康状態の目安の一つになりますし、今年は平年より真夏日が幾日多かったと聞いて、とりわけ暑かった今年の夏について何かしら納得したような気持ちになるでしょう。平均値とそこからの偏差という見方はこのように生活の隅々までいきわたっています。

しかし、後に述べるように、平均値というような基準になる値が存在しない、あるいはあまり意味をもたない、いわばゆらぎだけの複雑事象というものも、現実世界に満ちあふれている

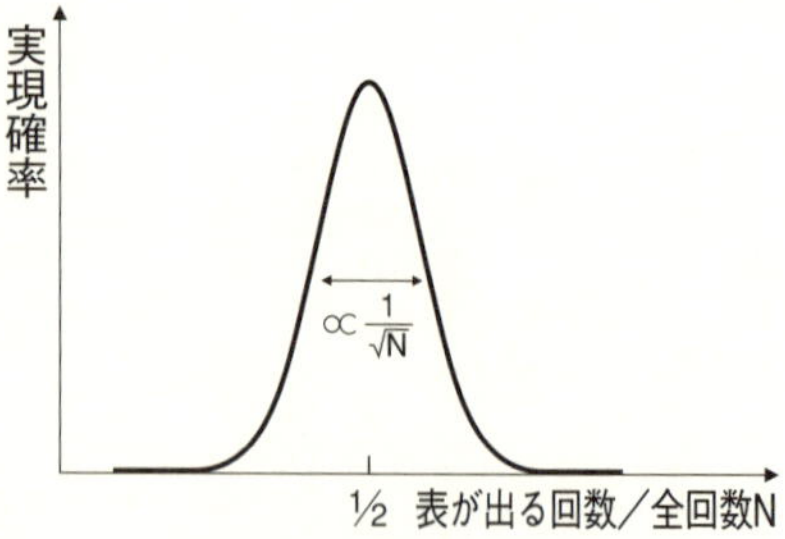

図6―1　正規分布　多数回のコイン投げ試行において、コインの表または裏が出る相対頻度は、1/2を中心とし、試行回数の平方根に比例した幅をもつ正規分布で表わされる。

のです。そのような、ゆらぎの新しい見方が本章のテーマです。しかし、それに入る前に伝統的なゆらぎ概念のごく基本だけは押さえておきたいと思いますので、その素描からまずはじめます。

　不規則にゆらぐ量を平均値プラスゆらぎと見るとき、ゆらぎの強さを**分散**という量で表わすことができます。平均値からのずれそのものを統計平均したのではゼロになりますが、ずれを二乗した決してマイナスにならない量を統計平均すれば、ゆらぎの強度を示す意味のある量となるのです。それが分散です。あるいは、分散の平方根である**標準偏差**を、ゆらぎの目安に用いることもできます。標準偏差は、ゆらぎの振幅の代表的な大きさを表わしています。ゆらぐ量に関するより詳しい統計的情報は、ゆらぐ量の確率分布に含まれています。大小さまざまなゆらぎが、それぞれどんな相対頻度で現われるかがその分布からわかります。多くの場合、確率分布は平均値の付近で比較的大きな値をとり、そこから標準偏差以上に離れると、急速に小さくなるような山型のグラフで表わされます（図6―1参照）。

イチローが一試合に三本も四本も安打を放ったり、五試合続けて無安打だったりしても、一シーズンの平均ではたいてい三割台の打率をキープします。また、晴天続きや雨季があっても、ある地域の年間降水量は年ごとにさほど変わらないでしょう。このように、ゆらぐ量を長時間平均で見ると、結果は比較的安定し、ゆらぎは相対的に小さくなります。また、国政選挙における投票所の出口調査を十分な数の人に対して行えば、その結果だけで開票前に当落がほぼわかってしまいます。このように、個個的にゆらぐものが多数集まると、全体としての振る舞いは安定化し、ゆらぎは相対的に小さくなることを私たちは経験で知っています。ミクロの世界では、原子分子がランダムに激しく動きまわっているにもかかわらず、人間スケールのマクロな物質は高い安定性をもっているという著しいコントラストも、ゆらぎのそのような一般的な性質に由来します。それぞれの物体が安定した姿でそこに存在し続けることをつゆほども疑うことなく生活できるのは、そのおかげです。自然は、個々のものに対してはそれぞれ勝手に振る舞うことを許容するように見えながら、大きなスケールではきついしばりを課しているといえます。

「大きなスケールでのきついしばり」と表現されるようなゆらぎの基本的性質は、数学的には**大数の法則**や**中心極限定理**の名で知られています。これらは、互いに独立してランダムにゆらいでいる量がN個あるとき、Nを大きくしていくと、それらの総和（または、それをNで割った一個当たりの量）がどんな統計法則にしたがってゆらぐかを数学的に述べたものです。

これらの法則をわかりやすく説明する例として、「硬貨投げ」がしばしばとりあげられます。表と裏が出る確率がともに半々であるような、理想的な硬貨投げを考えましょう。N回硬貨を投げた結果、たとえばM回表が出たとします。この一連の試行をさらに何度も繰り返します。そのたびに、表が出る相対頻度M/Nはさまざまに変化するでしょうが、Nを限りなく大きくしていったとき、この相対頻度はいずれの試行においても1／2に限りなく近くなると私たちは期待するでしょう。

別の例として、箱に入ったN個の気体分子を考えます。分子はまったくランダムに運動しているので、どの分子にとってもそれが箱をちょうど二分する仮想的仕切りの右側にあるか左側にあるかは半々の確率です。そうすると、分子数Nが十分大きければ、どの時刻においてもきわめて正確に分子数が五〇パーセントずつ左右に分かれると期待されます。

これらはみな正しい期待です。そして、その事実をもう少し一般的かつ数学的に正確に述べたのが大数の法則です。すなわち、一般に、独立にゆらぐ個別量N個からなる集団があるとき、Nを限りなく大きくすると、ゆらぎの総和を集団のサイズNで割った一個当たりのゆらぎ（相対ゆらぎ）は限りなくゼロに近づく、という法則が大数の法則です。

中心極限定理はこれをもう一歩推し進めて、「では、どのような確率法則にしたがって、この量が限りなくゼロに近づくのか」を述べたものです。この定理を一般的な言葉で述べるかわりに、前記の硬貨投げや気体分子の分布の問題にあてはめてみると、次のようになります。硬貨の表または裏が出る頻度や、箱の右または左に存在する分子の割合は、ほぼ半々とはいえ1／2という値から多少は外れるでしょう。そのように平均値のまわりに小さくゆらぐ量の確率分布がNの増大とともにどうなるかを述べたものが、中心極限定理です。

この定理によれば、Nが大きくなると、それは**正規分布**とよばれる釣鐘型の左右対称な確率分布（図6―1参照）で表わされるようになります。この正規分布は平均値つまり1／2のところにピークをもち、標準偏差で見積もったその幅は$1/\sqrt{N}$に比例してNを大きくしていくとゼロに近づきます。正規分布の「正規」というのは、ノーマル（正常）であること、標準的であることを意味するわけですが、それは正規分布にまったくしたがわないゆらぎは異常である、例外的であるということを含意します。この章では、ほんとうにそういえるのかということを問題にしていきますが、その前にもう少し、この「正常な」ゆらぎについて述べたいことがあります。

中心極限定理に関して、次の二つの点に注意してください。第一の点は、正規分布という特別な関数が個々の具体的問題とは無関係に普遍的に現われるという事実です。ゆらぐ量が多数ある場合、個別の量がどのような確率分布でゆらぐかにかかわりなく、ゆらぎの総和は正規分布という同一の確率分布にしたがってゆらぐのです。硬貨投げや気体分子の分布の場合には、個別の量は表または裏、あるいは右または左というように、とりうる状態は二つだけですが、とりうる値が多数あっても、またそれがさまざまに異なる確率分布にしたがってゆらぐとしても、総和は正規分布にしたがってゆらぐのです。

注意すべき第二の点は、集団のサイズに対するゆらぎの相対的な大きさが、1／$\sqrt{N}$に比例した小さな量で表わされることです。一万回硬貨投げを試行すれば、表が出る回数の割合は平均として五〇〇〇回ですが、実際には試行回数の一〇〇分の一程度の誤差があるのはふつう、つまり五〇〇〇回プラスマイナス一〇〇回程度ずれるのは正常なゆらぎの範囲内である、ということをこのことは示しています。一万回の試行で一〇〇回程度の誤差はありうるし、一〇〇万回ならその一〇〇〇分の一、つまり一〇〇〇回程度の誤差はふつうであるというように、誤差の大きさそのもの（絶対誤差）はNの増大とともに$\sqrt{N}$に比例して大きくなります。

絶対誤差が$\sqrt{N}$に比例して大きくなるという事実に関連して、もう一つ述べておきたいことがあります。この事実に関係した現象として、ランダムな微小ジャンプを繰り返しながら、元の位置から遠ざかっていく粒子の問題を考えてみましょう。特に、ある地点を出発した粒子は長時間後にどの位置をどのような確率で占めるか、という問題に関心があります。問題を簡単にして、一本の直線上を右または左に等しい確率でジャンプしながら移動する粒子があったとします。一回のジャンプ幅とジャンプ間の時間間隔は一定とします。このような運動を**ランダム・ウォーク**とよび、ランダム運動に関係したさまざまな物理現象のモデルとしてしばしば用いられます。もちろん、二次元、三次元への拡張は容易です。

一次元のランダム・ウォークが硬貨投げの問題に完全に対応していることは、一目瞭然《りょうぜん》でしょう。右または左へのジャンプを、表または裏が出る事象に対応させればよいのです。原点を出発した粒子がN回のジャンプで原点からどれだけ離れているかは、N回の硬貨投げ試行で表が出る回数と裏が出る回数の差に対応しています。したがって、硬貨投げ問題に中心極限定理を適用して得られた結果をそのまま使うと、長時間後に粒子がどの位置を占めるかに関する確率分布がすぐにわかります。それは、その時点までのステップ数（つまり、適当な単位で測った時間）の平方根に比例した幅をもつ正規分布で表わされることになります。ジャンプの確率が左右で不平等な場合には、原点からのずれは平均として時間に比例して増大しますが、そのような方向性をもたないランダム・ウォークでは、時間の平方根に比例した距離が原点からのずれの目安になるということです。

ともあれ、以上のことから、多数の独立したランダム事象からなる集団の振る舞いは、事象の数が多ければ多いほど安定し、集団全体としての相対ゆらぎはますます小さくなるということがわかりました。ランダムにゆらぐ無数の原子分子からなるマクロな物質の性質は、どの程度安定しているでしょうか。分子が互いに独立して運動している気体を考えます。マクロなサイズの気体の目安として一モルの気体を考えてみますと、それはアボガドロ数すなわち6×10の23乗個の分子を含んでいます。これに中心極限定理を適用しますと、たとえばマクロな体積中の分子数は一兆分の一程度の相対的ゆらぎしかもたないということになります。

結晶では、分子間の強い相互作用によって、分子は秩序のある配置をとっています。しかし、その平均的な秩序構造のまわりで個々の分子の位置はゆらいでいます。最も大ざっぱにとらえると、これらのゆらぎは分子どうしで互いに統計的に独立とみなせます。したがって、ここにも中心極限定理が適用でき、分子的なゆらぎに起因するマクロな物理量のゆらぎは、やはりきわめて小さなものになるはずです。しかし、分子のゆらぎが互いに独立でなく、統計的に強い相関をもってくる場合があります。それは物質が相転移点に近づいた場合です。

臨界ゆらぎ

相転移には**一次相転移**と**二次相転移**の区別があります。転移点（たとえば転移温度）を境にして物理量が不連続に変化するのが一次相転移で、転移点自体ははっきりしているが物理量の飛躍がないのが二次相転移です。ゆらぎの強い相関が問題となるのは、二次相転移の場合です。

二次相転移のわかりやすい例として、これまでにも何度か例に挙げた磁性体の相転移すなわち磁気相転移を考えてみます。鉄やニッケルなどの金属は常温で磁気をもっていますが、非常な高温にするとそれは失われます。たとえば、鉄は摂氏七七〇度で磁気を失います。この温度が磁気に関する相転移点です。磁気相転移を示す物質では、構成原子それぞれがミクロな磁石とみなせます。一般に磁性は磁化という量で表わされ、これは単位体積当たりの磁気モーメントを意味します。磁気モーメントは方向をもった量、すなわちベクトルです。ミクロな磁石もそれぞれミクロな磁気モーメントをもっています。これらのミクロなベクトルの合成が、物質の磁化を与えるわけです。

ミクロなベクトルは、近隣のものどうしで向きを揃えるような力を互いに及ぼしあっています。この傾向がマクロな磁化を作る原因ですが、高温では激しい熱運動のためにミクロなベクトルの方向がばらばらになり、全体としては方向を打ち消しあってマクロな磁化を作ることができません。しかし、臨界温度またはキュリー温度とよばれる、物質に固有なある温度以下になると、方向を揃える効果が熱運動に打ち勝ち、平均としてある方向に揃うことでマクロな磁気が現われはじめます。

十分高い温度からしだいに温度を下げていくと、ミクロな磁気モーメントは互いに近くのものと向きを揃えるチャンスが高くなってきます。つまり、ミクロなベクトルのゆらぎが互いに独立とみなせなくなり、相関をもちはじめるということです。最初のうちは、近くのものどうしが相関するだけで、十分距離が離れているものを仲間に引き入れることはできません。つまり、ある程度離れたところにあるミクロなベクトルの一群は、彼らなりに向きを揃えようとするのですが、その向きは最初のグループの向きとは無関係だということです。臨界点に近づくにつれ、ますます遠方のものを仲間に引き入れるようになり、グループは太っていきます。つまり、しだいに遠方のものどうしの相関が無視できなくなる、いわゆる**相関距離**が長くなってくるわけです。そして、ちょうど臨界点で、相関距離は無限大に伸びます。もっとも、マクロな物質は有限のサイズをもっていますから、無限大というのは言いすぎですが、隣りあう原子間の間隔というミクロなスケールに比べると、無限大とみなしてよいほど大きいという意味で、ここでは無限大といっています。以下でも、その意味で無限大という言葉を使います。ゆらぎの相関距離が無限大に伸びることを通して、ゆらぎがマクロな秩序に変貌《へんぼう》するわけです。

ミクロな要素が相関をもちはじめるとき、相関距離程度の広がりをもつ要素のグループ（以下では、ブロックとよびます）を一つの新しい要素とみなしますと、システム全体をこのようなブロックが多数集まった集合体と見ることができます。ブロックとブロックとの間の相関は無視できますから（それがブロックの定義ですから）、そのような意味では、システムをなおも独立した要素の集合体とみなすことができるわけです。臨界点に近づくと、ブロックの平均サイズはますます大きくなりますが、たとえ一万個の原子からなるブロックができたとしても、マクロな物質、たとえば一〇〇グラムの鉄はそのようなブロックを10の20乗個程度含みます。したがって、システム全体が単一のブロックとなる臨界点という特殊な状況を除いて、システムを「多数の独立した要素の集合体」とみなすことは、ほぼ正当化されるでしょう。その意味で、中心極限定理は臨界点のぎりぎりの近傍まで適用可能だといえます。

しかし、十分に成長した一つのブロックはちょうど臨界点にある物質の姿をありありと反映しており、そのような物質のミニチュア版となっています。そして、その内部に生じているゆらぎがどのような性質をもっているかが、関心のもたれるところです。なぜなら、ブロック自体はいくら多数の原子を含んでいても、もはやそれを「独立した多数の要素からなる集合体」とみなすことはできず、したがってそこに生じているゆらぎに対しては、中心極限定理が完全に破綻しているからです。

十分に発達したブロック内部のゆらぎ、すなわち臨界状況で物質内のゆらぎを特徴づけるキーワードは、平均値や分散や中心極限定理にかかわって**自己相似性**や**ベキ法則**です。一つの大きなブロック内部のゆらぎは、空間的にまだらで時間的にもゆらいでいますが、ある瞬間にゆらぎの強弱を濃淡模様として眺めたと想像しましょう。そこには大柄の濃淡模様の中に小柄の模様があり、その小柄な模様の中にさらにこまかな模様がある、といった「入れ子構造」的なパターンが見られるはずです。つまり、それはゆらぎのパターンの空間変化を特徴づける長さのスケールのない風景でしょう。もし、「ゆらぎは平均として、この程度の波長で変動している」といえるような特徴的なスケールがあるなら、遠くから眺めたときと近寄って眺めたときとでは、パターンの粗さ・きめこまかさが違うはずです。しかし、このようなスケールがまったくない場合には、どんな距離から眺めても、濃淡模様の粗さ・きめこまかさは似たりよったりに見えるでしょう。つまり、これは自己相似なパターンといえます。

自己相似性はベキ法則と密接に関係しています。不規則に波打つゆらぎのパターン、あるいは濃淡模様を、プロローグや第二章で述べたように、さまざまな波長の正弦波に分解することができます。そして、どのような波長をもつ波が、どの程度の強度をもっているかを調べてみます。以下では、波長のかわりに、その逆数に比例した量である波数kを用いることにしましょう。それぞれの正弦波の振幅は平均値ゼロのまわりで時々刻々ランダムに変動しますが、その分散、すなわち振幅の二乗を長時間にわたって平均した量を用いれば、さまざまな波数をもつゆらぎ成分の平均強度を知ることができます。この強度分布はパワースペクトルとよばれ、ゆらぎの特性を反映する最も基本的な量です。ゆらぎのパターンが自己相似性をもつとき、パワースペクトルはkのベキ乗k^{a}に逆比例します。ベキ乗に比例するのでなく、逆比例する場合には、逆ベキ法則ともよばれますが、広い意味でベキ法則とよんでさしつかえありません。

自己相似なゆらぎのパワースペクトルがベキ法則にしたがう理由は、次のように述べられるでしょう。自己相似性とは、長さのスケールを取り替えても（つまり、近寄ったり遠ざかったりして、ゆらぎの風景を見ても）似たように見えるということを意味するわけですから、その場合、ゆらぎの強度分布も同じ形を保つはずです。しかるに、長さのスケールを取り替えて見るということは、さまざまなゆらぎ成分の波数を同時に何倍かすることにほかなりません。ベキ乗分布では、たしかにkのスケールを取り替えても、つまりkをckに置き換えても、k^αが$(ck)^\alpha$に変わるだけですから、強度分布がk^αに逆比例するという事実は不変です。そして、ベキ乗分布以外に、このような性質をもつ関数は思いつきません。

さまざまなベキ法則を特徴づける量は、ベキ指数です。右の例では、αです。二次相転移現象に関係して現われるベキ指数には、いくつかのものがあります。これらは**臨界指数**とよばれ、その値を理論的に正しく導くことは、一九六〇年代から七〇年代にかけての統計力学の大問題でした。何しろ「独立した要素の集合」という考えが完全に破綻するわけですから、これは大変な難題でした。一九七一年のウィルソンによる「繰り込み群理論」によって、この困難は基本的に克服されました。これがノーベル物理学賞の対象になったことは、前章でも触れました。この理論のインパクトはまことに大きく、単に臨界指数の値がどうこうという問題にとどまらず、ゆらぎが強く相関するシステムの統計力学は、この理論を突破口としてたくましく鍛えあげられたのです。

べキ法則にしたがうさまざまなゆらぎ

以上の話からは、ゆらぎの自己相似性やべキ法則は、臨界点というきわめて特殊な状況にのみ現われる例外的な現象だと考えられるかもしれません。ところが、原子分子の世界対マクロな物質という限られた状況から目を転じて広く自然界を眺めてみると、臨界ゆらぎに似たゆらぎ現象は随所に見られるのです。

広く知られているもので、**ジップの法則**とよばれる経験則があります。それは二〇世紀の前半、アメリカの言語学者ジョージ・K・ジップによって発見された法則です。ジップは文学作品などに表われる単語の出現頻度を頻度の高いものから順に並べたとき、これが逆べキ法則にしたがうことを見出しました。すなわち、頻出度が上からk番目の単語の出現頻度が1／k^{α}に比例するという法則です。この場合指数αはほぼ1に等しいことが知られています。たとえば、二番目の頻度で現われる単語は、最も頻出する単語に比べて半分程度の頻度で現われ、三番目の単語はほぼ四分の一の頻度で現われるということです。図6－2は時田恵一郎氏らによって得られたデータですが、いろいろな作品に共通して1／k法則がよく成り立っているのがわかります。

逆べキ指数を1に限らなければ、逆べキ法則にしたがう現象例は他にもいろいろあります。

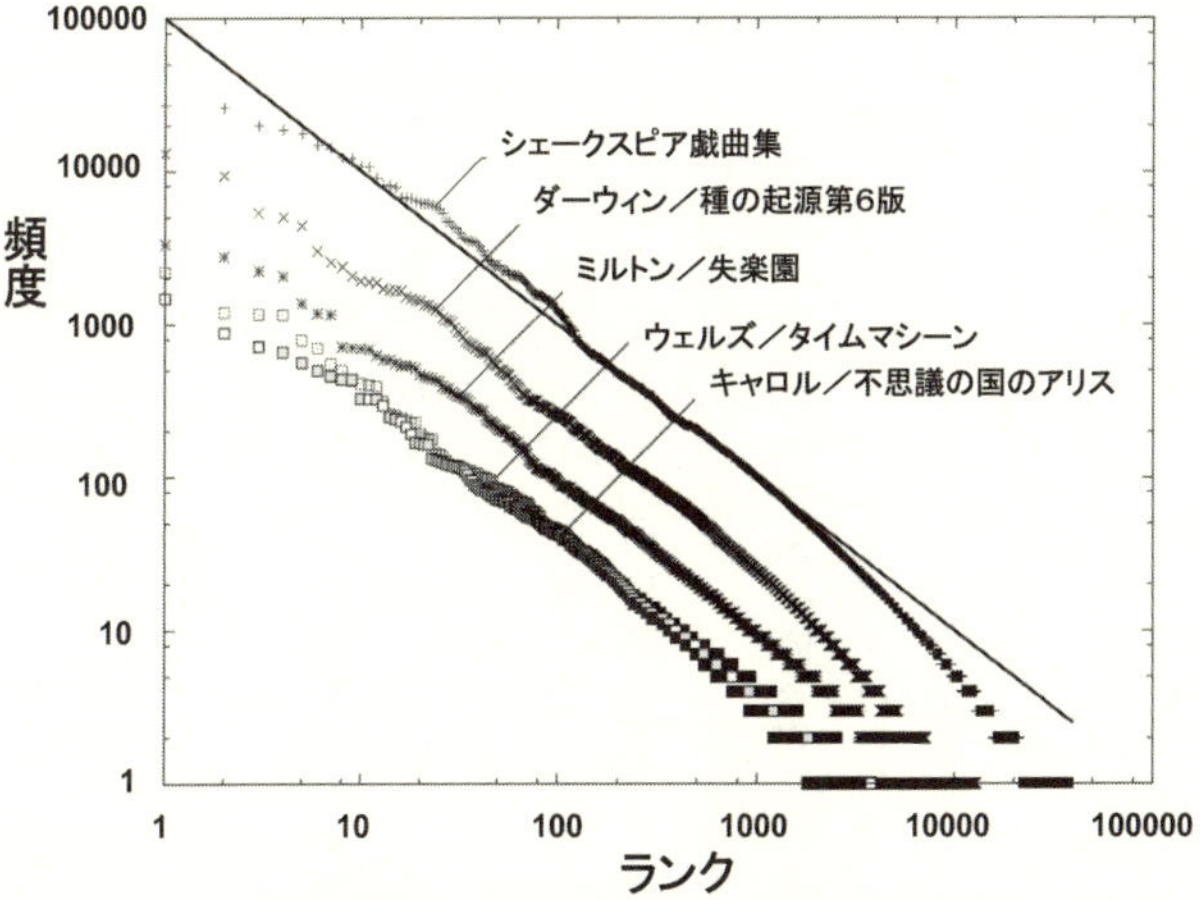

図6－2　ジップの法則が成り立つ一例　一つの書物に現われる単語の出現頻度は、頻出度の順位にほぼ逆比例する。この事実をいくつかの古典的書物について例証したもの。（時田恵一郎、入江治行著『島の生物地理学と Zipf の法則』京都大学数理解析研究所講究録 No. 1499, p. 1, 2006より）

たとえば、アメリカ合衆国における大都市の人口とその順位との関係や、地震の強度（マグニチュード）とその発生頻度との関係などがよく知られています。後者は**グーテンベルグ・リヒターの法則**ともよばれています。

　また、**1／fゆらぎ**として広く知られている、一連の現象があります。たとえば、モーツァルトなどのクラシック音楽では、その音程や強度の時間変化をさまざまな周波数成分に分解したとき、それらの強度分布（パワースペクトル）が周波数fにほぼ逆比例するという事実が見出されています。音楽に限らず、不規則に時間変化する量のパワースペクトルが周波数にほぼ逆比例するようなゆらぎ現象を1／fゆらぎとよんでいます。心臓の鼓動も速くなったり遅くなったり不規則にゆらいでいると最初に述べましたが、心拍周期のこのような変動を長時間にわたって測定し、そのパワースペクトルを調べると1／fに近い結果が得られるといわれています。

これら以外にも、身近なゆらぎ現象でベキ法則性を示す例はたくさんあります。しかし、ベキ法則が現われる理由は、多くの場合明らかではありません。右に挙げたいくつかの例とおそらく部分的に関係しながら、しかしそれらとは一応独立に、自己相似的でベキ法則性をもつタイプのゆらぎ現象が広範囲に存在します。それはいわゆる**フラクタル**的な現象です。

フラクタルは一九七〇年代の中頃に、ブノワ・マンデルブロによって命名された幾何学概念です。類似の数学的概念がマンデルブロに先立ってまったくなかったわけではありませんが、ほとんど彼一人でこの概念を体系化し、自然現象との関わりをきわめて幅広くかつ詳細に論じました。ですから、フラクタルは彼によって創出された概念であるといっても過言ではないでしょう。アインシュタインは別格として、二〇世紀の科学者でこれほど強いインパクトをもつ概念を単身で独占的に構築した人は他にあまりいないでしょう。フラクタルという用語は、以下で述べるような特徴をもつ幾何学的図形を指すとともに、「フラクタルなパターン」というように形容詞としてもしばしば用いられます。

フラクタルなゆらぎとフラクタル次元

フラクタルな図形の現実例として、しばしば海岸線がとりあげられます。マンデルブロも一九六七年に発表した「ブリティン島の海岸線はどのくらい長いか？」と題する彼自身の論文で引用しているのですが、海岸線が幾何学的に奇妙な性質をもった曲線であることは、それ以前からイギリスの数学者（といってもそれに収まりきらない多才な科学者）ルイス・F・リチャードソンによって指摘されていました。リチャードソンはオーストラリア、南アフリカ、英国の西海岸などの海岸線の長さをさまざまな精度で測り、どの海岸線もそのこまかな凹凸を詳細にたどればたどるほど、その長さはベキ法則にしたがって長くなっていくことを見出しました。

たとえば、オーストラリアをぐるりと一まわりする海岸線に沿って、直線距離でほぼ等間隔になるようにn個の点を打ったとします。そして、これらの点を線分でつないで得られるn角形の周長によって海岸線の全長を近似的に表わします。次に、代表点の数を二倍に増やして、同様の方法で海岸線の長さを評価します。後者のほうがよりこまかに凹凸をたどるわけですから、幾分か長くなるということは容易に想像できますが、結果はこれがベキ乗則にしたがって長くなる、というものでした。すなわち、代表点の数を二倍にするごとに、長さはほぼ一定の倍率で増大するということが見出されたのです。さらに、代表点の数を増やしていっても、こ

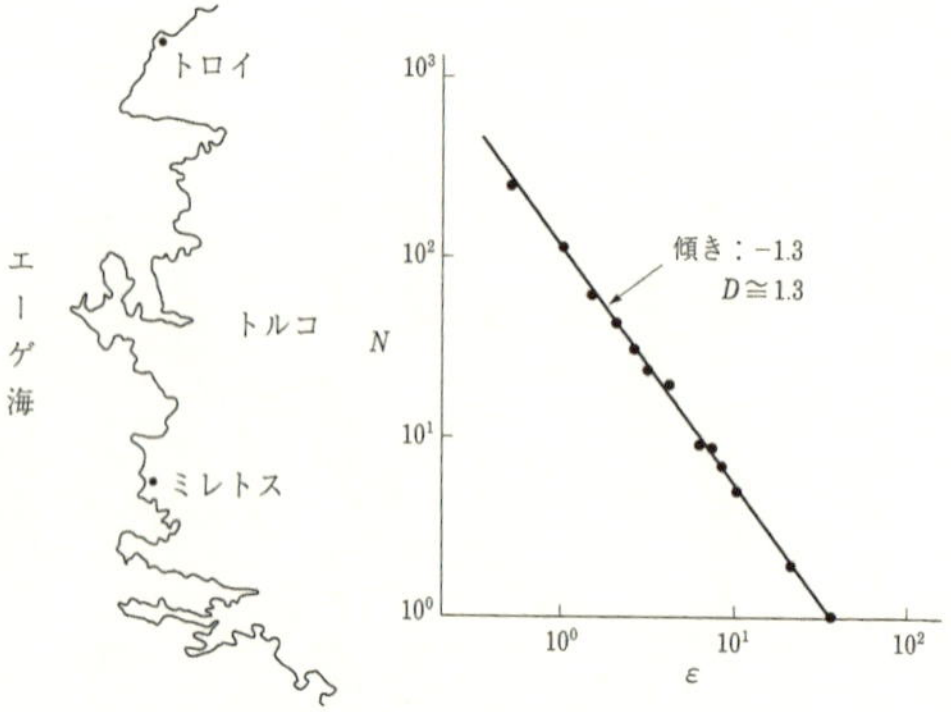

図6―3　海岸線のフラクタル性を示す一例（松下貢著『フラクタルの物理（Ⅰ）基礎編』裳華房 2002年より）

の性質は変わりません。「ある程度こまかく測定すると、それ以上は、ほとんど長さは一定になり、それが正しい長さだ」と考えるのがふつうですが、いくら精度を上げていっても、際限なく一定の割合で増大し続けるのです。図6―3は海岸線のフラクタル性を示すデータの一例です。

海岸線と同様に、雲の輪郭もフラクタルであることが見出されています。雲は見た目には海岸線ほど輪郭がはっきりしませんが、気象衛星の赤外線画像を用いれば、輪郭をはっきり定義することができます。

コッホ曲線とよばれる数学的に定義された曲線がありますが、これは海岸線や雲の輪郭を理想化した数学モデルの一種だと見ることもできます。コッホ曲線は一本の線分から出発して、ある簡単なルールでこれを逐次変形し、これを無限回行った極限として得られる曲線です。図6―4にそのことが示されています。図からすぐわかるように、ある簡単なルールとは、一つの線分を三等分して、中央の線分を底辺とする正三角形を描き、底辺を消すという操作です。この操作によって得られる図形の各線分に、一渡り右と同じ操作を適用して次のステップに進む、ということを無限に繰り返すわけです。

コッホ曲線を海岸線に見立てるなら、右の手続きにしたがってこれを作成していく各ステップでの折れ線パターンが、そのステップでの粗さで見た海岸線の近似的な形に対応しています。そして、折れ線パターンにおける一つの線分の長さが、そのステップでの解像度を表わしています。ワンステップ進むたびに一線分の長さは1／3に縮小しますが、それと同時に折れ線の全長は4／3倍だけ長くなります。

フラクタルな図形は**フラクタル次元**という量で特徴づけられ、それぞれの図形は固有のフラクタル次元をもっています。空間の次元

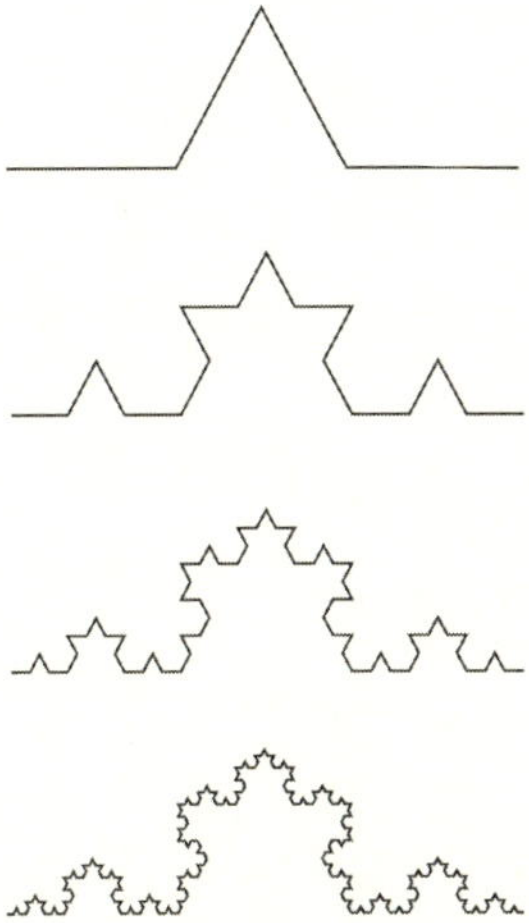

図6－4　コッホ曲線の生成ルール　一つの図形に現われるおのおのの線分について、それを三等分し、中央の一辺を底辺とする正三角形を描いて底辺を除去する。これによって、次のステップの図形に移行する。この操作を無限回繰り返して得られる図形が、コッホ曲線である。

は一、二、三…のように整数で表わすのがふつうです。しかし、海岸線のようなフラクタルな図形は、一本の線で表わされる限りは一次元であるといってさしつかえないのですが、フラクタル次元という特別な次元の定義にしたがうと、一般に非整数次元になります。海岸線の場合には、1よりも少し大きな次元になります。フラクタル次元は、通常の図形とは異なるフラクタル図形のいわば「異常さ加減」を測る指標として、大変有用です。たとえば、コッホ曲線のフラクタル次元は対数を使った簡単な公式で表わされますが、その値は1.2618…です。

以下では、フラクタル次元の正確な定義には立ち入らないで、与えられた図形から、そのフラクタル次元を求める実際的な方法について述べましょう。それにはいくつかの方法が知られています。たとえば、海岸線やコッホ曲線で、長さの解像度を上げていったときに、全長がどのようなベキ指数で増大するかを調べることで、フラクタル次元を求めることができます。しかし、同様に簡単でありながらもう少し汎用《はんよう》性があり、かつふつうの次元とフラクタル次元との関係を理解しやすい別の方法があります。それはボックスカウント法とよばれる方法で、次のようなものです。

どんな図形でもいいのですが、そのフラクタル次元を知りたい図形が与えられているとして、それをすっぽりと収容できる空間を考えます。図6―5(a)では、問題の図形は二次元の面でカバーできます。図形が有限の領域に収まるとして、それを十分大きな四角いシートでカバーし

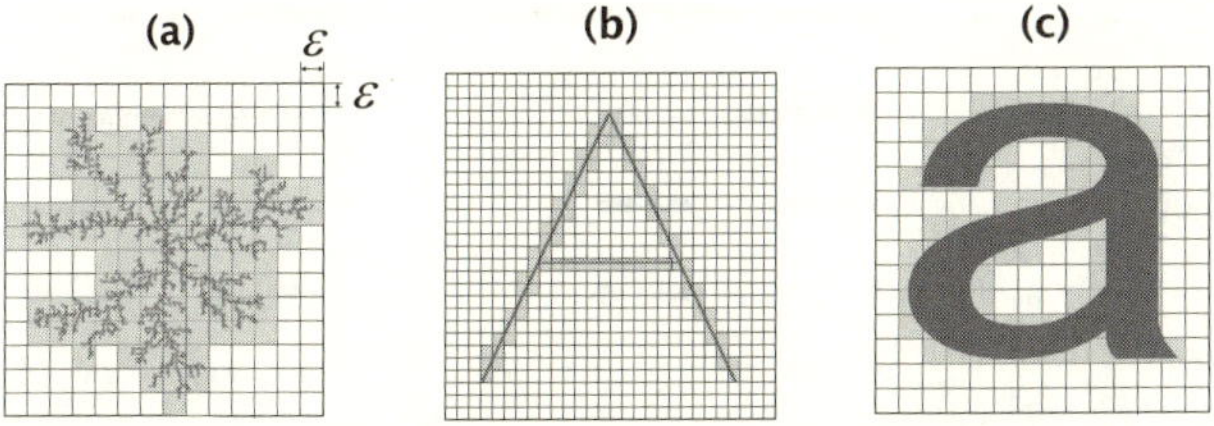

図6—5　ボックスカウント法によってフラクタル次元を求める

(a)問題の図形が一部でも含まれる正方形の升目の総数が、升目の一辺の長さ ε を小さくしていったとき、どのように増大するかを調べることで、この図形のフラクタル次元がわかる。

(b)なめらかな線分の集まりからなる図形にボックスカウント法を適用すると、次元が1に等しいという、期待された結果が得られる。

(c)なめらかな曲線に囲まれた黒塗りの領域にボックスカウント法を適用すると、次元が2に等しいという、期待された結果が得られる。

ます。このシートは方眼紙で、その升目の一辺の長さが ε だとします。ε の値がさまざまに異なる何種類もの方眼紙を用意しているとしましょう。升目には、問題の図形の一部が含まれている升目とまったく空白な升目がありますが、前者の升目の個数を数え、それを N とします。したがって、N は図形を完全にカバーできる升目の個数の最小値です。当然ながら N は ε の値に関係し、ε が小さいほど大きくなります。ε を十分小さくとったとき、N が ε^D に逆比例して増大すると仮定しましょう。このベキ指数 D がフラクタル次元です。図形がたとえば複雑に枝分かれした現実の樹木なら、それを包むには三次元の箱が必要です。それを一辺が ε のキューブに分割して、樹木に触れているすべてのキューブの個数を数えあげるわけです。

　フラクタル次元は通常の次元の定義と矛盾せず、

単にそれを一般化したものです。たとえば、図6―5(b)のように、何本かのなめらかで太さゼロの線からなる図形を考えます。これを完全にカバーできる升目の個数は、升目が十分に小さければ、そのサイズεに逆比例するはずです。するとNは1／εになりますから、Dは1に等しく、この曲線のふつうの意味での次元1と一致します。また、図6―5(c)のように、曲線で囲まれた二次元の領域で表わされる図形の場合はどうでしょうか。εが十分小さければ、この黒い領域をぎりぎりカバーできる升目の数は、この領域の面積を升目の面積で割った数にほぼ等しくなるはずです。すなわち、Nは1／ε^2の形となり、Dは2に等しくなって矛盾はありません。

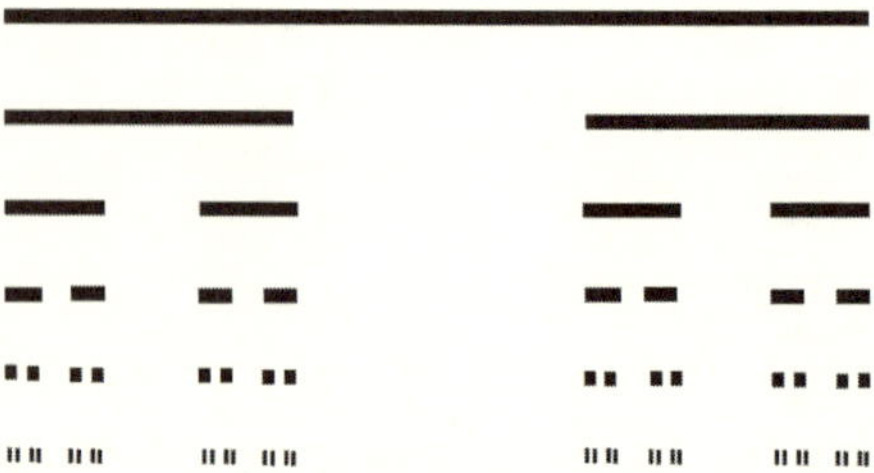

図6―6　カントール集合の生成ルール　1本の線分の中央の1/3を除去する。残った線分のおのおのに対して、同様の操作をほどこす。これを無限回繰り返した結果残った点集合が、カントール集合である。

フラクタルな図形のもう一つの数学的な例として、**カントール集合**とよばれる数の集合があります。コッホ曲線と同様に、カントール集合もある単純な手続きを無限回繰り返すことで得られます。その手続きは図6―6に示されています。実数の全体は一本の直線で表わされますが、この連続体の一部、たとえば0から1までの実数の全体は、長さ1の線分で表わされます。

カントール集合は、あるルールにしたがって、この線分の一部を次々に除去していった果てに残る実数の全体です。

図6－6を見ればそのルールは一目瞭然です。すなわち、各ステップで現われる線分すべてについて、その中央の1／3を除去することで次のステップに移る、という操作です。残される実数の量はワンステップごとに2／3に減少しますから、nステップ後にはそのn乗になり、nを無限大にするとこれはゼロになります。これはまったく空っぽになるということを意味しません。なぜなら、右の操作から明らかなように、残される線分の個数はワンステップで倍増しますから、無限回のステップではどうしても無限個の点が残らなければならないからです。

長さ1の線分を質量1の棒とすれば、カントール集合は無限個の質点からなっているにもかかわらず、その質量はゼロです。あるいは、元の線分から一点をまったくランダムに抽出した場合、それがカントール集合に含まれるチャンスはゼロということです。これにボックスカウント法を適用してみます。サイズ1のただ一つの箱から出発して、箱のサイズεを1／3だけ小さくするごとに、図形をぎりぎりカバーできる箱の数Nは二倍に増えます。したがって、εが$(1/3)^n$のとき、Nは2^nになります。このことからNがεの逆ベキで表わされることがわかりますが、その指数D、すなわちフラクタル次元は0.6309…となります。

第五章の終わり近くで、低次元のカオス・アトラクターの切断面について述べました。第五章の例では、カオス・アトラクターの厚みが小さいために切断面はほとんど一本の線のように見えました。ローレンツ・モデルやレスラー・モデルでも、同様に線状の切断面が得られます。しかし、その小さな厚みの中に含まれる微細構造を調べてみると、それがカントール集合に似た構図をもっていることがわかっています。「引き伸ばし」「折り畳み」の無限回の操作が、カントール集合を作るための右に述べた操作と似た結果を生むのだと考えられます。

カントール集合のパターンは一種の「間欠性」をもっていることが図6―6からわかるでしょう。すなわち、点の分布はごくまばらな部分と、ひどく密集した部分からなっています。そして、密集した部分の微細構造をさらに注意深く観察すると、その中により小さいスケールで、ごくまばらな部分とひどく密集した部分とがあることがわかります。そして、このような構造は、入れ子構造的に無限に小さなスケールまで続くのです。

正常なゆらぎの別の顔

本章のはじめのほうで、通常のゆらぎ概念を説明するために硬貨投げやランダム・ウォークの例をとりあげました。実は、これらの例を少し違った角度から眺めると、通常のゆらぎとは一見矛盾するような自己相似性が見られ、しかもフラクタルな地形との類似性さえ示唆されるのです。

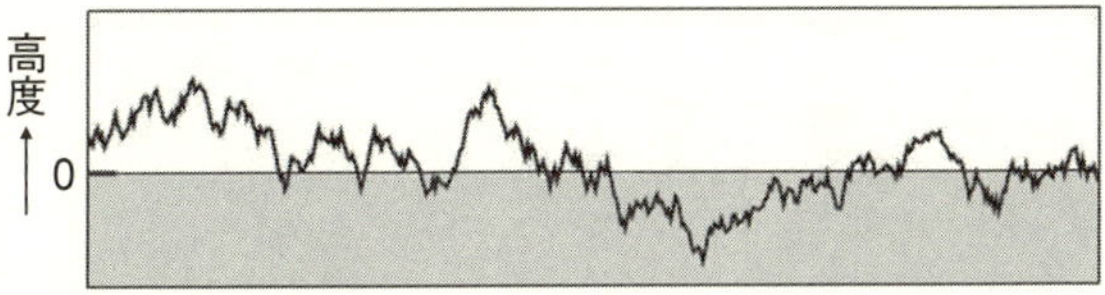

図6—7　ブラウン曲線とレベル0の水平線　自然の地形の垂直断面と水面上に顔を出す島々を思わせる。

直線上のランダム・ウォークにおいて、時刻ゼロで原点を出発した粒子の位置と時間の関係を示す曲線の一例が図6—7に描かれています。これは一次元ブラウン運動（微粒子のランダムな運動）を表わす曲線に似た曲線なので、**ブラウン曲線**とよばれています。硬貨投げの場合にも、同様な曲線が得られます。たとえば、硬貨の表が出れば一〇円を得、裏が出れば一〇円を失うような賭け事を行う人がいたとして、試行回数を重ねるにつれて儲けまたは損失額がどのように変化していくかを示す曲線が、ちょうどこれに対応しています。先ほどは、表が出るか裏が出るかのランダムな時系列に中心極限定理が適用できることを見たのですが、ブラウン曲線はそれぞれの時点までに何回表ないし裏が出たかの累積効果を表わす曲線ですから、話が違ってくるわけです。

ブラウン曲線は何となく山の輪郭に似ています。同じことですが、起伏のある地形の垂直断面はこれに似たプロフィールをもっています。山並みをさまざまな距離から見た場合、距離に応じて高度のスケールを適宜調節すれば、いつも同じように見えるという経験事実があります。高度を調節しなければならないので正確には自己相似というよりは自己アフィンとよぶのが正しいのですが、広い意味でこれも自己相似とよぶことにします。ブラウン曲線もそのような意味での自己相似性をもっています。じっさい、この一次元パターンのパワースペクトルは逆ベキ法則$1/k^2$で与えられます。山並みの場合と同様に、このブラウン曲線がどんな距離からでも同じように見えるためには、振幅を距離の平方根に比例して変化させる必要がありますが。

次に注目したいのは、このブラウン曲線がレベルゼロの水平線と交わる点です。つまり、ブラウン粒子が元の場所に戻る時刻であり、硬貨投げの賭けで損得なしになったときまでの試行回数を表わす点です。図6―7から示唆されるように、このような点の分布は何となくカントール集合と似た特徴があるように見えます。つまり、点の分布がごくまばらなところとひどく密集したところとがあり、そのような間欠的な構造が入れ子構造をなしているように見えるという特徴です。じっさい、このゼロ点の集合はフラクタルであり、そのフラクタル次元は0.5に等しいことが知られています。

海岸線も、ランダムな起伏のある地形がゼロレベルの面と交わる点（ゼロ点）の集合です。ただし、図6―7におけるゼロ点の集合は、地形のある垂直断面のゼロ点ですから、海岸線に相当するものを得るためには、切断面を順次平行移動しながらゼロ点をゼロ線へと延長していかなければなりませんが。ですから、右の議論からだけでは、もちろん海岸線のフラクタル性に直接話はつながりません。ただ、ここでいいたかったのは、正常なゆらぎから作られるありふれたパターンが意外な形でフラクタル図形に接近するという事実です。もっとも、現実の地形の垂直断面を調べますと、その輪郭はたしかにかなりブラウン曲線に近いのですが、ブラウン曲線ではやや険しすぎます。より正確に記述しようとすると、これを**非整数ブラウン曲線**とよばれるものに一般化しなければならないということがわかっています。図6―8にはブラウン曲線と非整数ブラウン曲線が作る「人工的な地形」が示されています。

図6―8　人工風景　上図はブラウン曲線を二次元に拡張した「ブラウン面」と、レベル0の水平面を示す。自然の風景に比べて、やや険しすぎる。下図は非整数ブラウン曲線の拡張であるフラクタルな曲面を用いた場合の人工風景。自然の風景に酷似している。(B. Mandelbrot, *The Fractal Geometry of Nature*. W. H. Freeman and Company, 1982より)

ダイナミックな視点

フラクタルな性質を示す自然のパターンの例は、海岸線や雲の他にも、河川や毛細血管の枝分かれパターン、稲妻やひび割れ、銀河団の分布構造など枚挙にいとまがなく、現在もなおフラクタルの例は新しく見出され続けています。また、コッホ曲線やカントール集合以外にも、ごく単純なルールで生成される数学的なフラクタル集合の例はいろいろあります。フラクタルという新しい眼鏡を手にしたおかげで、自然の見え方がすっかり変わり、これまでは単に雑然としていた多くのものが秩序を秘めた意味深いものに見えてきました。これはまことに大きな科学的変革です。

しかし、科学としてはこれをもう一歩進めて、次のように問うべきではないでしょうか。すなわち、「では、これら現実のフラクタルはどのような物理的プロセスによって形成されるのか、そこに個別的な対象を超えた普遍的なメカニズムが存在するのか、そして、なぜ自然はこれほどまでにフラクタル構造を〝好む〟のか」と。それらを明らかにしたいというのが、科学というものの本能ではないでしょうか。

レイリー・ベナール対流やBZ反応という範例的なシステムが、非線形科学を強力に牽引する力であったことを前に述べましたが、それと同様のことがここでもいえるように思います。

山並みや河川や稲妻は、精密な実験の対象としては不適当です。フラクタル構造の成因はさまざまかもしれませんが、現象のクラスを限定すれば、その限られた範囲内の、しかしなおかつ広汎な諸現象に共有される普遍的なメカニズムがあるのではないでしょうか。そうであるなら、このようなメカニズムを含んでいると期待される、できるだけ単純な模範的なシステムを見出すことが重要です。そして、その理論モデルを作り、実験と理論の両面からそこに研究のエネルギーを集中することで、科学としての大きな飛躍が望めるでしょう。では、具体的にはどんな研究が、その方向に沿って進められてきたでしょうか。

現実のフラクタル構造は、その背後に「形成史」をもっています。そして、比較的単純な物理的プロセスの時間的積み重ねによって、そのような構造が形成される例は多いと思われます。もちろん、形成史の時間スケールは、たとえば稲妻と河川と銀河を比較すればわかるように、途方もなく違ったものかもしれませんが。このことは、フラクタル構造の科学がダイナミックな過程を考察すること抜きには十分な深まりを見せることができないだろう、ということを示唆しています。そこで、実験室で観測するのに都合のよい時間スケールでフラクタル構造が形成されるような、できるだけ単純な現実のシステムを見出すことが望まれます。そして、それに対応する理論としては、非本質的な要素をいっさい含まない理想化された動的モデルを案出することが、決定的に重要だと考えられます。

理論側からの飛躍的な進歩の一つとして、一九八一年にトム・A・ウィテンとレオナルド・M・サンダーによってDLAと称するモデルが提出されました。DLAはDiffusion-Limited Aggregation（拡散に律速された凝集）の頭文字です。これは、一つの種粒子からはじまり、遠方からランダム・ウォークによって近づいてきた別の粒子がたまたまこれに付着する、次にもう一つの粒子が遠方からランダム・ウォークで近づいてきて付着する、という過程を繰り返しながら凝集体が成長していくプロセスを記述するモデルです。きわめて単純なモデルですが、低濃度で分布する粒子の集団がランダムに浮遊しながら、いったん相互に接触すると離れないという性質によって、しだいに凝集し、大きなクラスター（塊）に成長する物理的過程の本質をとらえたモデルです。このモデルは、コロイド粒子の凝集や、電気分解による金属の析出すなわち電析など、現実の多くの現象に共通するある側面を見事にとらえています。図6―9はこの理論モデルのコンピュータ・シミュレーションによって得られた凝集体の一例で、ウィテンとサンダーの原論文にあるものです。この場合凝集体は平面上で成長しますが、そのフラクタル次元は約1.71になります。

ここまでモデルが単純化されると、理論的にフラクタルになる理由を明らかにし、フラクタル次元の値を導出することも可能で、じっさいこのような理論がいくつか提出されています。また、DLAと密接に関連した美しい実験として、松下貢氏らによる電析の実験があります。

この実験では、電気分解によって陽極の亜鉛が溶け、陰極として用いた炭素棒の表面に析出するのですが、析出が炭素棒に垂直な水平面内で進行するように実験が工夫されていますので、この平面上に析出金属の成長パターンが現われます。図6—10に示すように、その形が植物の葉を連想させることから、このような電析パターンは金属葉ともよばれています。実験から見出された金属葉のフラクタル次元は1.66±0.03で、シミュレーションで得られたDLAのフ

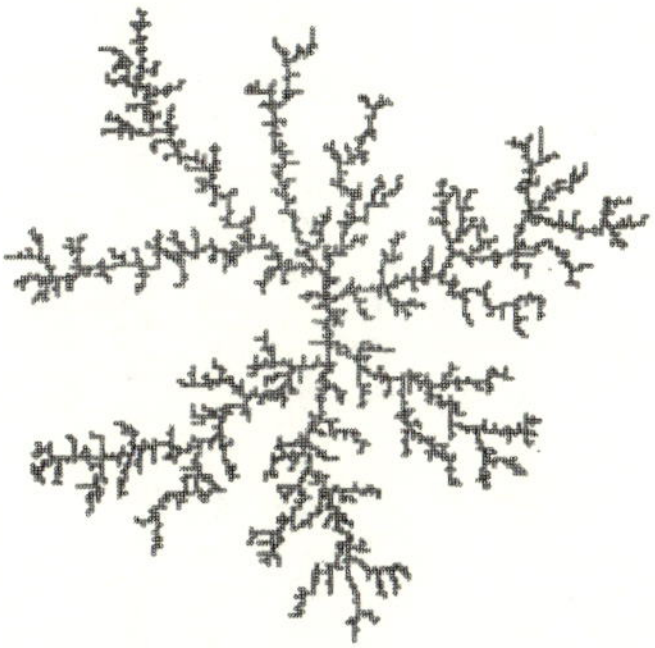

図6—9　コンピュータ・シミュレーションによって得られた「拡散に律速された凝集（DLA)」の例。(T.A. Witten and L.M. Sander:Diffusion-limited aggregation. *Phys*. Rev. Lett.47, p.1400, 1981より)

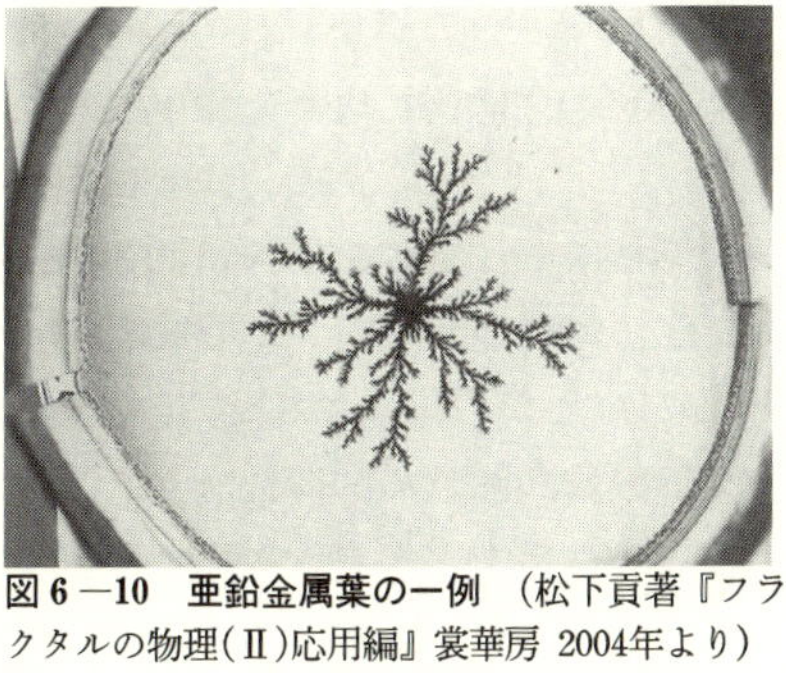

図6—10　亜鉛金属葉の一例　（松下貢著『フラクタルの物理(Ⅱ)応用編』裳華房 2004年より)

ラクタル次元1.71にかなり近い値になっています。

ネットワーク理論

ベキ法則で記述されるような、特徴的なスケールをもたない対象として、**スケールフリー・ネットワーク**とよばれるものが最近注目を集めています。スケールフリーとはまさしく特徴的なスケールをもたないという意味で、したがってこれまで本章でとりあげてきた現象は主にスケールフリーな現象です。ネットワークという概念自体は、相互のつながりをもった多数の構成要素からなる集団一般を指すきわめて一般的な概念ですが、近年のネットワーク理論が特に関心を示すのは、人間社会、生物集団、生命体など広い意味で「生きているもの」に関係した複雑なネットワークの構造です。さまざまなネットワークの具体例とネットワーク理論の適用については、最近いくつかの一般向け良書が出ていますので、詳細はそちらにゆずります。しかし、スケールフリー・ネットワークとは何かを述べるためにも、近年のネットワーク理論の輪郭だけはごく手短に復習しておきたいと思います。

多種多様な具体的ネットワークに共通する最も基本的な構造を抽象的に描きますと、各構成要素を点で表わし、二つの要素の間に結合があれば対応する二点を線でつなぐ、ということになるでしょう。もちろん、実際には何を要素と考えるかはつねに自明とは限りませんし、結合といっても双方向ではないかもしれず、強度もさまざまでしょう。要素や結合の内容をいっさい問わないというのは、ひどく乱暴な抽象化であるのは確かです。しかし、複雑な対象に切り込むために、無謀とも思える大胆さが要求されることはこの場合においても真実です。もちろん、研究の進展とともに素描はしだいに精密化される必要があるでしょう。どの程度に粗い記述がそれぞれの時点で意味をもつかということについて、非線形科学、複雑系科学の研究者はつねに鋭敏な感覚と的確な判断を求められます。

要素を表わす点は「頂点」「ノード（結節点）」などとよばれ、結合線は「枝」「リンク」などとよばれます。頂点と枝からなるネットワークモデルの中で、古くから最もよく研究されているのが**ランダム・ネットワーク**のモデルで、**ランダム・グラフ**ともよばれます。ランダム・ネットワークとは、頂点の集合があったとして、一対の頂点を選んで両者をある確率pでリンクし、これをすべての対について実行することで得られるネットワークです。pの値はすべての対に共通です。問題は、ランダム・ネットワークが現実のネットワークの構造をどの程度反映しているかですが、比較的成功するケースもありますが、現実にはそぐわない場合が多いのが事実です。

ランダム・ネットワークが一見現実のネットワークの特徴をよくとらえていると思われる点として、でたらめに抽出した二つの頂点がごく少ない本数の枝でつながるという性質があります。たとえば、知人関係によってつながる人間社会のネットワークを考えてみますと、他国のまったく見ず知らずの人と意外に少ないステップの人間関係をたどってつながることができるという経験事実があります。たとえ、相手がデイヴィッド・ベッカムであろうと、フランスの農村にひっそり暮らす一人の人物であろうと、おそらくあまり関係はありません。ランダム・ネットワークはこの性質をもっています。

ちなみに、世界の総人口とほぼ等しい六五億の頂点からなるランダム・ネットワークを考えてみます。各人が六五億の中からランダムに選ばれた一〇〇人と知人関係にあるとしますと、知人の知人、つまり二ステップでつながる人は一〇〇の二乗で一万人になります。もっとも、知人の知人が直接の知人であるということもありえますから、一万人というのは多少多めに数えたことになります。しかし、何しろ六五億の中から各人がランダムに一〇〇人選ぶわけですから、最初の数ステップくらいまでは、このような重複の確率はゼロとしてかまいません。このようにして、三ステップでつながる人は一〇〇万人、四ステップでは一億人、五ステップですでに全人口を優にカバーします。右に述べた重複の確率は、全人口のうちの無視できない部分がカバーされるようになってはじめて考慮しなければならない効果です。したがって、五、六ステップでほぼすべての頂点とつながるという結論自体は変わりません。平均一〇〇人の知人で、この程度のステップで世界中の誰ともつながるというこの結果自体は、かなり現実味を帯びています。

しかし、どの人も自分の知人として六五億人から一〇〇人をまったくランダムに選ぶというのは、どう考えても非現実的です。私の知人の一人が、彼の知人一〇〇人を選べば、その中には相当の割合で私の直接の知人が含まれるだろうと考えるのが自然です。しかし、ランダム・ネットワークはその可能性をほとんど排除しています。

人物Aの知人の一人をBとし、Bの知人の一人をCとするとき、AとCが知人なら、頂点A、B、Cをつなぐ三角形ができます。これをクラスターとよんでいます。このようなクラスターが豊富に存在し、かつランダム・ネットワークのように少数ステップで見ず知らずの誰ともつながる、というのが現実の多くのネットワークの特徴です。このようなネットワークを**スモールワールド・ネットワーク**とよんでいます。少数ステップで誰ともつながるような世界は、ある意味で小さな世界である、というところからスモールワールドとよばれるわけです。ランダム・ネットワークもその意味ではスモールワールドですが、クラスター構造を備えながらもスモールワールド性をもつ場合にこの用語を用いるのがふつうです。クラスターが豊富にあれば、それだけ部分社会の閉鎖性は強いと考えられるのですが、現実のネットワークはそのような場合でもスモールワールドである場合が多い、という意外性がこの言葉には込められています。

では、クラスターを豊富にもち、かつ頂点間の近距離性（少数のステップでどの頂点ともつなが

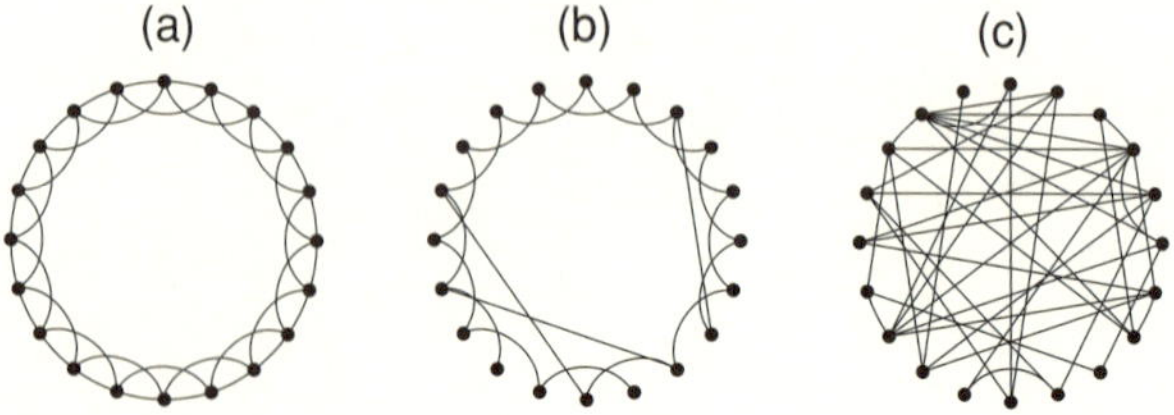

図6―11　ネットワークのモデル
(a)規則的なネットワーク。
(b)いくつかのリンクのランダムなつなぎかえによって得られるネットワーク。スモールワールド・ネットワークの性質を示す。
(c)大半のリンクのつなぎかえを行った場合。ランダム・ネットワークに近くなる。

るという性質）も備えたネットワークのモデルが考えられるかというと、まさにそのようなモデルが、物理学の素養をもつダンカン・ワッツとスティーヴン・ストロガッツによって一九九八年に提出されました。

そのアイデアはごく単純です。まず、リング状に並んだ頂点のおのおのが、左右に隣接する二個の頂点とその次に近い頂点二個とのみリンクするという、いわゆる一次元格子モデルを考えます（図6―11(a)参照）。各頂点が隣とその隣にまでつながっているために、クラスターは豊富に（頂点の個数と同じ数だけ）存在します。しかし、近距離性はありません。次に、リンクの総数は変えないで、いくつかのリンクのつなぎかえを行ってみます（図6―11(b)参照）。具体的には、ある頂点から隣またはその隣につながっている枝の行き先を変更して、全頂点の中からランダムに選んだ一つにつなぎかえるのです。リンクの大半をこのようなやり方でつなぎかえると、図6―

11(c)のようにランダム・ネットワークに近くなり、近距離性は得られますが、クラスター性が失われます。ワッツとストロガッツが見出した重要な事実は、比較的少数のリンクのつなぎかえで近距離性が現われ、したがって、つなぎかえ頻度が極端に低いか極端に高い場合を除いて、クラスター性と近距離性は優に両立するという事実でした。

スケールフリー・ネットワーク

一つの頂点から出ているリンクの数を、次数といいます。ワッツとストロガッツによるスモールワールド・ネットワークのモデルでは、次数はある平均値（図6－11のモデルでは、四）を中心として、ランダムにばらつきます。つなぎかえの過程で、最初四本だったリンク数の増減が起こるからです。ランダム・ネットワークの場合も、次数はある平均値のまわりに釣鐘型に分布しています。しかし、現実のネットワークの多くでは、次数の分布がこれとはひどく異なり、ベキ法則にしたがっていることを、ハンガリー出身の物理学者アルバート・L・バラバシは見出しました。そして、これを「スケールフリー・ネットワーク」とよびました。それは、ウェブやインターネットのネットワーク、航空網、共演関係でリンクされるハリウッドの映画俳優社会などで確認されました。それらの例では、次数kをもつ頂点の数がほぼ逆ベキ法則$1/k^{\alpha}$にしたがっています。指数αの値はさまざまですが、たとえばインターネットでは、

2.1ないし2.5程度となることが知られています。

逆べキ分布の一つの大きな特徴は、分布の裾《すそ》が長く伸びていることです。それに対して、平均値のまわりに釣鐘型をなす分布では、ある程度平均値からずれると急速に値が小さくなります。したがって、スケールフリーなネットワークでは、釣鐘型の次数分布では考えられないような巨大な次数をもつ頂点が少数個ながら存在し、逆にごく少数のリンクしかもたない非常に多くの頂点が存在します。これは次数で見るときわめて不平等な格差社会といわなければなりません。巨大な次数をもつ少数の頂点をハブとよびます。ネットワークにおけるハブがどのように重要な役割を演じるかについては、具体的なネットワークに即しての考察が欠かせませんが、たとえば、ハブをターゲットにした外部からの攻撃に対してはスケールフリー・ネットワークはもろいが、ランダムな攻撃に対しては強いというような性質ならば、常識で考えてもうなずけるでしょう。

フラクタル・パターンに関する理解を深めるためには、それがどのような過程を経て形成されるかに関する動的な考察が欠かせないということを前に述べました。現実のネットワークもフラクタル・パターンと同様に、多くの場合それぞれの形成史を背後にもっているはずです。したがって、スケールフリー性が現実の多くのネットワークで見られるなら、ネットワークの形成過程を考察することで、その必然性を明らかにできるのではないかと考えられます。

じっさい、バラバシとレカ・アルバートによるスケールフリー・ネットワークのモデルは、成長するネットワークを記述する動的モデルとして提出されたものです。そして、スケールフリー性がネットワーク成長を支配する単純なルールから自然に出てくるという点が、彼らの理論の大きな魅力になっています。これはＤＬＡが単純なルールによって成長するフラクタル・パターンのモデルとして重要な役割を果たしたことを思い起こさせます。もっとも、ネットワークの場合には、残念ながら理論モデルによく対応する適当な実験系が得がたいという事情がありますが。

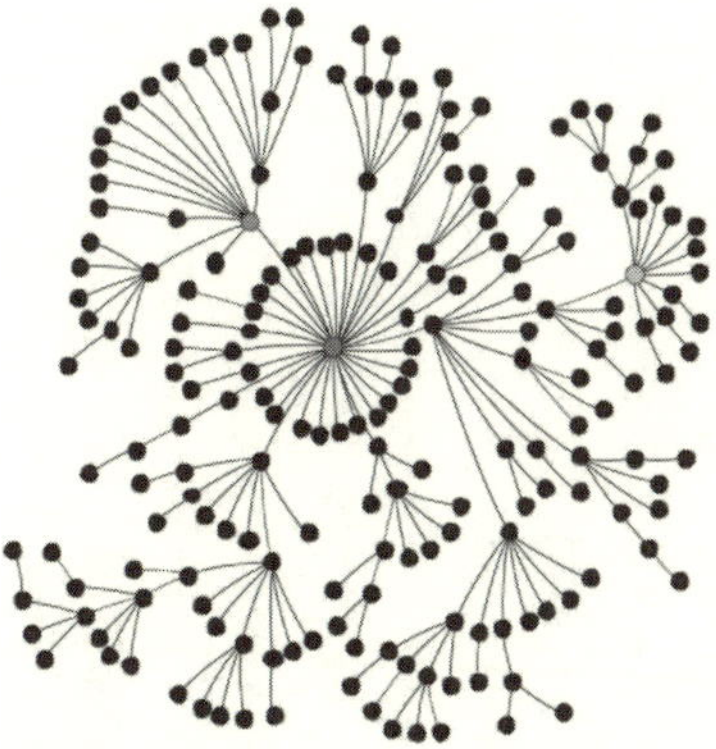

図6—12　スケールフリー・ネットワークの例　ごく少数のリンクしかもたない多数の頂点と、多数のリンクをもつ少数の頂点（ハブとよばれる）が見られる。(S.H. Strogatz : Exploring complex networks. *Nature* 410, p.268, 2001より　原典カラー)

　バラバシとアルバートのモデルは、次のようなものです。ネットワークの成長は、既存のネットワークに新しい頂点が一つずつ参加し、それらが既存の頂点のいくつかとリンクを作るという形で進行すると考えます。このとき、各新参者によって作られる新しいリンクの数は、たとえば二本という決まった値に固定しておきます。その二本がつながる先を既存の頂点の中からどのように選ぶかが問題ですが、まったくランダムに二つの頂点を選ぶのではなくて、**優先的選択**というルールを課すのが、このモデルのポイントです。優先的選択とは、すでに多くのリンクをもっている既存の頂点とは、それに応じた高い確率でつながるというルールです。優先度は調節可能なパラメーターですが、いずれにせよこれは次数という「富」に関する格差社会をいかにも生み出しそうなルールです。実際、優先度のある範囲内で十分発達したネットワークはスケールフリー性をもつようになることが知られています。図6—12には、このようにして得られたネットワーク構造の一例が示されています。

優先的選択のルールの仮定は、たしかに私たちの日常経験に照らしても、もっともらしい仮定です。たとえば、ウェブサイトから新しいハイパーリンクを張る場合、相手方はすでに相当多数のリンクをもつサイトである場合が多いように思えますし、新しくオープンした空港はすでに多くの発着便をもつ大空港との間に優先的に便をもつ傾向が強いでしょう。しかし、このルールの現実性や普遍性の如何については、まだ検討すべき課題が多く残されているように思います。

エピローグ

非線形科学は数理的な科学である、と本書のはじめのほうで述べました。それにもかかわらず、本書では数式をほとんど用いませんでした。そこでは多くの概念や結果を日常語で述べるにとどめています。しかし、数理的な学問として、現代の非線形科学の諸概念はかなり高度に理論化されています。もちろん、一般の方々が現時点でそれを理解する必要はないでしょう。いつの日か、理論が大きな進展を見せて新しい「知の鉱床」に行き当たったとき、あらためて科学者がその内容を咀嚼《そしやく》して日常的な言葉に置き換え、多くの人々と新しい知を分かちあう努力をすればよいのだと思います。

ところで、「プロローグ」において私は一つの問題を提出しました。そして、それに対する私なりの考えを「エピローグ」で述べるという宿題を課しました。問われた問題とは、「創発という概念をよりどころにした複雑現象の科学は、原理を探究する基礎科学としてほんとうに成り立つのか、その根拠は何か」という問題でした。この問題への確かな答えを、私たちはいまだ手にしていないと思います。少なくとも、広く共有された見解があるとは思えません。

「プロローグ」で述べたように、現代科学、とりわけ物理学は、経験世界の複雑現象をとかく軽んじてきたきらいがあります。そこにはもはや原理的に重要な問題はなく、せいぜい原理の「応用」しかないと。それなら、なおさらのこと、創発現象の科学が原理を探究する基礎科学として立派に成立することがはっきり示されるなら、それは大きなインパクトをもつだろうと考えるのです。

科学の言葉で自然を描くとは、「不変なもの」を通して変転する世界、多様な世界を語るということにほかなりません。自然の中に潜んでいる不変な構造を探り当て、数理言語をはじめとするあいまいさのない言葉を用いて、そのような構造を誰にとっても共通な意味内容をもつ表現に定着させることで、科学は成立しているのではないでしょうか。「不変なもの」とは、ものごとの間の恒常的な関係、置かれた状況のあれこれに左右されない実体などを指していま す。ガリレオの落体の法則は偉大な不変構造です。誰がどこでどんな物体を落とそうと、そうしたもろもろの状況に関わりなく、それは成立するからです。ニュートンの運動法則はさらに大きな不変性をもっていて、空気抵抗があろうと風が吹こうと、物どうしがぶつかりあおうと、そうしたこといっさいにおかまいなく成り立つ法則です。

これらの不変構造が見出されたことで、人間が五官で感知できる現実世界への理解は、格段に深まりました。状況ごとに異なる千差万別の物体運動を、このような少数の不変構造を通して語ることが可能になりました。熱力学の法則や流体の運動法則も、同じような意味でマクロ世界に潜む大きな不変構造です。光や電磁気現象や音に関する経験世界の法則も見出されました。古典物理学の法則とよばれるこれらもろもろの法則のおかげで、経験世界はほぼ満足に理解されるように思われました。しかし、ニュートンと同時代のホイヘンスが振り子時計の同期現象を理解できなかったことに象徴されるように、この経験世界にはまだまだ大きな不変構造が隠れ潜んでいたのです。そして、カオスやフラクタルに代表されるそのような不変構造の発見は、二〇世紀の後半にまでもち越されました。では、古典物理学の成立から二〇世紀の後半まで、物理学はその主力をどこに投入していたのでしょうか。

　物理学の主要な関心は、実は別種の不変構造に向かっていました。それは物質を構成する微小な要素という不変な実体とそれを支配する法則です。たしかに、物の現われ方は限りなく多様であっても、それは無数の微小な構成要素間の結びつき方が変わるためだと考えられます。構成要素そのものは、はるかに安定しています。「微小な要素は、相対的に不変にとどまる」という事実にいったん気がつけば、その方向で進めるところまで進むというのは、ごく自然の成り行きです。それは科学の本能とさえよべるでしょう。物質より分子は、より不変です。分子より原子が、原子より電子や原子核が、原子核より陽子や中性子が、というように、より不変なものを見出すために、ミクロ世界の限りない探索がはじまりました。その成果はまさに圧倒的でした。原子や電子の発見とそれらを支配する量子力学の発見によって、あらゆる物質はきわめて深いレベルから理解されるようになりました。その結果、人類は自然をコントロールする強大な力を手にしたのです。物質文明の驚異的な繁栄は、まさに「物質のミクロな構成要素」という不変構造の発見によってもたらされたのです。この成功があまりにめざましかったので、「物理学がそのすべてのエネルギーを傾注すべきものはミクロ世界であり、ミクロな要素こそ扇の要であって、そこさえ押さえればこの世界は原理的に理解可能である」という信仰が生まれたのも無理からぬところがあります。

このような自然観の信者たちは、科学という知識体系を一本の樹木のようにイメージしがちです。樹木の根もとには物質と時空の根源を探究する素粒子物理学があります。そこからはじまって、次には根本原理の応用、そのまた応用による大枝小枝が広がり、複雑多様な経験世界が末端にあります。しかし、このような見方は一部の信者のものというより、大多数の人たちが漠然ともっているイメージに近いのではないでしょうか。そうだとすれば、ますます恐るべきことと私には思われるのです。

樹木のイメージでは、多様なものを統合しようとすると、根もとに向かう方向でしか考えられません。多様性の統合とは、多様性の中に潜む単一なもの不変なものを見出すことですから、要素的実体こそが最高の不変性を代表しているという考えに支配されている限り、これは必然です。ですから、末端の錯綜した現象世界に踏みとどまって、そのレベルにおいて統合を試みることなど嗤《わら》うべきこととみなされるのです。

本書をここまでお読みになった方々はすでにおわかりと思いますが、要素的実体にさかのぼることをしないで複雑な現象世界の中に踏みとどまり、まさにそのレベルで不変な構造の数々を見出すことは優に可能です。たとえば、同期という現象は数理的に表現可能ですが、それは振り子時計にも、サーカディアン・リズムにも、ホタルの集団にも、心拍にも実現される不変の数理構造です。物質的な成り立ちを不問に付したまま、そこに進化発展の契機をもつ科学の一領域が成立するのです。カオスも同様です。ダイナミクスが二次写像に支配される生物集団とレイリー・ベナール対流との間に、いったいどんな物質的つながりがあるというのでしょうか。それにもかかわらず、両者はカオスを示し、あまつさえファイゲンバウムの普遍定数という定量性まで共有するのです。フラクタルについても、もはや多言は要しないでしょう。この不変構造の発見以前は、海岸線や雲や毛細血管が共通の数学的構造を通して互いに急接近するなどとは思いもよらないことでした。

「不変構造」は「普遍構造」とも言い換えることができます。「普遍性と多様性」とは物理学者もしばしば口にする言葉ですが、前者が素粒子物理学の諸法則に、後者が物質科学レベルの諸現象に対応するのが、ごく当然であるかのごとく語られているのを見るのは、とても残念です。旧式の樹木イメージから、科学者はもうそろそろ脱してもよい頃ではないでしょうか。

樹木の根もとにさかのぼることなく、枝葉に分かれた末端レベルで横断的な不変構造を発見できるという事実を、非線形科学は確信させてくれました。だとすれば、樹木イメージにかわるどんなイメージを描くことができるでしょうか。多くの小枝を横断する架橋でしょうか。多数の小枝が上に向かって収束する逆樹木構造でしょうか。どうも、適切なイメージが浮かんできません。ポストモダンの「リゾーム（根茎）」も今一つしっくりきません。そこで、私としては、樹木イメージの修正版を案出するという姑息《こそく》な考え方に見切りをつけ、知識体系としての科学を以下のようにまったく別の類比で眺めてみることにしました。

よく考えてみますと、「不変なものを通じて変転する世界、多様な世界を理解する」というのは何も科学に限ったことではなく、私たちは日々そのようなパターンにしたがってあらゆるものごとを理解し判断していることに気づきます。そうした理解や判断は何よりもまず言葉を通じてなされるわけですから、日常の言葉そのものが「不変なものを通じて変転する世界、多様な世界を理解する」という基本構造をもっていなければなりません。じっさい、私たちは「何がどのようにある」という基本パターンにしたがって、ものごとを理解しています。「何」と「どのように」が変数になっていて、そこに値を入れる、つまり可変部分を不変にすることで知識が確定するわけです。あるいは、「何」を表わすタテ軸と「どのように」を表わすヨコ軸の交差によって知識を確定するといってもよいでしょう。このように、主語的不変性と述語的不変性の両軸があり、いずれを欠いても認識は成り立たないわけですが、特にここで注目したいのは述語的不変性です。

「愛犬が走る」「マラソンランナーが走る」「新幹線が走る」というように、「走る」ものの実体はさまざまです。「走る」という述語面にさまざまな主語が包まれるといってもよいでしょう。さまざまな実体が一つの述語的不変性によって互いにつながること、これはまさに非線形科学がカオスやフラクタルという概念を通じて、モノ的にはまったく異質なものを急接近させるという構造に酷似しています。とはいえ、これは単なる粗っぽいアナロジーですから、ほどほどのところで満足しておかなければなりませんが。

不十分なアナロジーとはいえ、タテとヨコの二本の軸が科学的知識にとっても不可欠であるということをわかっていただくうえで、このアナロジーはある程度の説得性をもつのではないかと思います。少なくとも、樹木構造のイメージがいかに一方に偏した見方を代表しているかは納得されるのではないでしょうか。一面的に肥大化した科学は、脆弱さをもっています。環境や災害などに関して自然が突きつける数々の難題に対して、現代人は科学の意外な無力さを感じはじめてはいないでしょうか。

非線形科学で見出された現象横断的な不変構造は、単に述語的というよりも比喩、とりわけ隠喩に近い働きをもっているように思います。隠喩とは、たとえば「玉虫色」とか「氷山の一角」という表現に見られるように、元来何の関係もない異質な二物が突如結びつくことで新鮮な驚きを誘発する表現技法です。それに似た意外性が、非線形科学における現象横断的な不変構造にはあります。現象を支配する数理構造というものは、外見からはうかがい知ることはできないものですから、共通の数理構造という深層でのつながりが表層では意外性をもつのでしょう。新しい不変構造の発見によって、個物間の距離関係が激変し、新しい世界像が開示される。このような機能が科学にはあるという事実は、もっと広く知られてよいことだと思います。そして、複雑な現象世界には、数多くのこのような不変構造がまだ潜んでいるに違いありません。その発掘は、今世紀の科学の主要な課題の一つです。

Winfree, A.T. (1967) : Biological rhythms and the behavior of populations of coupled oscillators. J. Theor, *Biol*. 16, p.15.
Kuramoto, Y. (1984) : *Chemical Oscillations, Waves, and Turbulence*. Springer-Verlog.

第五章

ジェイムズ・グリック著、大貫昌子訳（1991）『カオス：新しい科学をつくる』新潮社
Feigenbaum, M.J. (1979) : The universal metric properties of nonlinear transformations. J. Stat. *Phys*. 21, p.669.

第六章

Mandelbrot, B. (1982) : *The Fractal Geometry of Nature*. W.H. Freeman & Co.
邦訳：広中平祐監訳（1984）:『フラクタル幾何学』日経サイエンス
松下貢著（2002, 2004）『フラクタルの物理（Ⅰ）、（Ⅱ）』裳華房
Witten, T.A., and Sander, L.M. (1981) : Diffusion-Limited Aggregation. *Phys*. Rev. Lett. 47, p.1400.
マーク・ブキャナン著、阪本芳久訳（2005）『複雑な世界、単純な法則：ネットワーク科学の最前線』草思社
増田直紀、今野紀雄著（2005）『複雑ネットワークの科学』産業図書
ダンカン・ワッツ著、辻竜平・友知政樹訳（2004）『スモールワールド・ネットワーク：世界を知るための新科学的思考法』阪急コミュニケーションズ
アルバート＝ラズロ・バラバシ著、青木薫訳（2002）『新ネットワーク思考：世界のしくみを読み解く』日本放送出版協会
蔵本由紀著（2003）『新しい自然学：非線形科学の可能性』岩波書店

［参考文献］

第一章

Glansdorff, P., and Prigogine, I. (1971) : *Thermodynamic Theory of Structure, Stability and Fluctuations*. Wiley-Interscience, London.
邦訳：松本元、竹山協三訳（1977）『構造・安定性・ゆらぎ：その熱力学的理論』みすず書房

小野周他編（1990）『熱力学第二法則の展開』朝倉書店

山本義隆著（1987）『熱学思想の史的展開』現代数学社

勝木渥著（1999）『物理学に基づく環境の基礎理論：冷却・循環・エントロピー』海鳴社

第二章

Thom, R. (1972) : *Stabilité Structurelle et Morphogénèse*. Benjamin.

Lorenz, E.N. (1963) : Deterministic nonperiodic flow. J. Atmos. *Sci*. 20, p.130.

第三章

Winfree, A.T. (1987) : *When Time Breaks Down*. Princeton.

Kondo, S., and Asai, R. (1995) : A reaction-diffusion wave on the skin of the marine angelfish Pomacanthus. *Nature* 376, p.765.

第四章

中村雄二郎著（1988）『問題群：哲学の贈りもの』岩波新書

スティーヴン・ストロガッツ著、長尾力訳、蔵本由紀監修（2005）『SYNC：なぜ自然はシンクロしたがるのか』早川書房

Strogatz, S.H., et al. (2005) : Theoretical mechanics: Crowd synchrony on the Millennium Bridge. *Nature* 438, p.43.

Z.Néda, Z., et al. (2000) : Self-organizing processes: The sound of many hands clapping. *Nature* 403, p.849.

さくいん

編集協力／綜合社